U0916038

“茶的故事”知识库
满足你的求知欲

好喝！3分钟爱上中国茶

茶的故事◎著

江苏凤凰科学技术出版社

放心喝茶，更好喝

茶是中国人最熟悉的饮品，从药用到饮用，已经有数千年的历史，是我们老百姓的生活必需品。

很多人有喝茶的习惯，享受着茶带来的益处，是因为茶的很多有益成分对我们的身体发挥了作用。例如，只有茶中才有的茶多酚，具有很强的抗氧化作用，能够清除人体内的自由基，帮助我们延缓衰老，还能增强体质。科学研究表明，两杯红茶的抗氧化能力相当于 225 毫升红葡萄酒，或 5 个洋葱，或 6 个苹果的抗氧化能力。除了抗氧化，茶还在提高人体免疫力、降血压、降血脂、减肥、预防心血管疾病、防龋齿、杀菌抗病毒、抗过敏、预防神经退化性疾病等方面，都具有一定的日常保健作用。

尽管茶就在我们身边，但很多朋友对于过浓的茶不饮、临睡前不饮茶、进餐前不饮茶，以及四季有不同的饮茶方法、不同人群如何科学饮茶等喝茶人应知道的知识并不了解。

很高兴“茶的故事”微信公众号多年来一直坚持向大家介绍科学饮茶的知识，这些内容科学严谨，形式多样，生动活泼，广受读者的喜爱。欣闻“茶的故事”团队计划以百万粉丝的阅读需求数据为依据，将多年撰写的文章重新梳理，并集结成册，由江苏凤凰科学技术出版社出版。我十分期待，相信这本书里的内容可以帮助大家建立正确的茶叶认知和消费观。

茶是一门学问，也是老百姓享受生活的一种方式。《好喝！3 分钟爱上中国茶》从普通人的需求出发，真诚而科学地解答与茶相关的问题，希望这本书能帮助大家爱上中国茶，享受中国茶带给大家的美好生活与健康福利。

中国工程院院士
著名茶学家 陈宗懋

推荐序二

感受中国茶的魅力

作为一名茶叶科技工作者，我经常思考如何让茶在这个快速发展的时代发挥更大的价值。茶起源于中国，经历了数千年的发展，到今天走进千家万户，越来越多的人开始重视茶的健康和文化属性。

曾经茶在人们的印象中似乎是古老的、传统的，而今天茶可以用各种符合现代生活的形式，滋养大家的身心。茶从日常的冲泡饮用，到深加工提取其中的活性成分，再延伸应用到具有健康属性的生活用品。茶已经成为时尚的生活方式，这是非常值得高兴的。

进入新世纪以来，在茶树资源与品种、茶树生态绿色高效栽培、茶叶加工、茶叶深加工等领域，我国在技术研发、装备升级、产品创新、产业规模等多个方面，均已达到世界领先水平。但是，对于茶科学与茶文化知识的大众普及还非常不够，我国大批先进的茶叶科技成果转化不够、优秀的茶叶新产品推广传播不足。在这方面“茶的故事”团队一直在努力，我非常认同他们从科学、实用的角度，以轻科普的形式传播普及茶叶科学文化知识。“茶的故事”作为茶业领域第一个跨界组合、粉丝规模超百万的新媒体大号，担当这一历史使命无疑是光荣的、令人欣慰的，更是值得肯定的。

对于喝茶的人来说，一杯茶最简单直接的要求就是好喝、健康。这本《好喝！3分钟爱上中国茶》从茶的基本分类、口感特点开始，带领大家去认识一杯茶的美好，帮助大家自己学会每天泡上一杯茶，再到将喝茶变成健康愉悦的生活方式，最后深深地爱上茶。

我深知“茶香也怕巷子深”，在此，我希望所有想了解茶的朋友，都能读一读这本书，你一定会从中感受到中国茶的魅力！

中国工程院院士
著名茶学家　刘仲华

成为常识的朋友

日前有位年轻朋友吐槽，学茶三年，拜师数位，每位老师都说前一位教得不对，“啪啪啪”各种打脸，每次都要重新来过。三年下来，人说喝茶减肥，我却胖脸一圈——打脸打肿了。

这位朋友所求的，应当是茶道仪轨之类的精英之学，普通人沏茶饮茶倒不必如此大费周章，喝得明白、喝得顺口，只需要若干常识即可。

然而，常识的获得，并不容易。

何谓常识？看似不言而喻的知识，其实最难共识。昨夜常识、今日谬误，这种翻云覆雨的事早已司空见惯，而更多假“常识”之名的讨论，往往沦为利益与偏见的战场。

今天，羽扇纶巾指点文化江山是从者如云的正道，而从信息汪洋中打捞常识，却需要筚路蓝缕的笨功夫才成。

发现常识、传播常识、接受常识的人，先要有一个真正属于自己的灵魂，一个塞满权威的头脑要么视常识为无物，要么视之为砒霜，自然与常识绝缘。

常识不是真理，它不追求放之四海皆准，它会随着人们认知的扩展而变化。

因此，有了自由意志，还要有一份老实的态度，才能成为常识的朋友。

今天嗜茶人引用率最高的语录之一，恐怕就是周作人的“喝茶当于瓦屋纸窗之下，清泉绿茶，用素雅的陶瓷茶具，同二三人共饮，得半日之闲，可抵十年尘梦。”周作人，当时即被视为文人中的茶人，茶人中的文人，然而周先生特意写文章，老老实实地说自己：“吃茶是够不上什么品味的，从量和质来说都够不上标准……我根本不讲究什么茶叶，反正就只是绿茶罢了。”

后来果然有热心人跑来看他喝茶，大失所望：从前听人说你怎么爱喝茶，怎么讲究，现在看了才知道是不对的。周作人也老实作答："可不是吗？这是你们上了我文章的当……我只是爱耍笔头讲讲，不是捧着茶碗一碗一碗的尽喝的。"

五四一代学人，对孔夫子自然不是很恭敬，但他们为人处事，却与真正的孔门弟子无异："知之为知之，不知为不知，是知也。"这是老实人说的、老实人践行的老实话，在今天绝不过时，是硬核常识。

2013年因为做纪录片，与海鸥相识，属于见面不多但相知甚深的朋友，他是自由人，也是老实人，因此可以做打捞常识的工作。他带领"茶的故事"团队精心打磨的这本茶书，说的都是常识，我有幸先睹为快，其中许多内容对我也是新知。

最近几年国潮汹涌，年轻一代对传统文化的热情大有赶超父辈之势，喝茶这件多少沾些暮气的事，说不定也会变得时尚起来。而这本茶的常识之书，以及期待中的后继之作，或可成为助力的季风，掀起中国未来的茶叶新浪潮。

央视大型纪录片《茶，一片树叶的故事》总导演

王冲霄

从2013年央视纪录片《茶，一片树叶的故事》开播，“茶的故事”微信公众号就在记录和传播与茶文化相关的内容，包括美丽的产地、神秘而有趣的制作工艺、名茶背后的故事，等等。

后来，我们花了数年的时间，精心整理了喝茶人关心的日常饮茶知识，希望每一个人都能体会到，这种源于中国的健康饮料给人带来的味觉愉悦和内在享受。

每一天，我们都在和消费者、喝茶人打交道，倾听他们期待的话题，解决与茶有关的疑惑。我们的足迹几乎遍布中国所有茶区，分享最真实的茶山源头情况。我们品尝了来自世界各地超过一万款的茶，分析并探讨它们的优劣。

如今，“茶的故事”已经成长为持续保持茶行业粉丝规模第一的公众号。基于这样的积累，我们希望用一本书，尽可能整理出大众渴望了解的日常和茶有关的话题，让对茶好奇，或是喜欢喝茶的人能从新的角度认识茶、爱上茶，于是就有了这本《好喝！3分钟爱上中国茶》。

“好喝！”这可能是我们在喝到一杯好茶的时候，最常用、最直接、最朴实的表达了，也是这本书想传达给大家的理念：茶的根本，在于一杯好喝的茶汤。

当然，一本书的承载能力有限，茶的知识还有很多，而且中国的茶类如果细数下来有数千款，有很多好喝的茶没有介绍到，但并不遗憾的是，我们的公众号会持续创作，介绍更多好茶。

此外，你在阅读的时候会发现，每一个章节都是一扇门，通过扫描二维码的方式，可以了解到更多的茶知识，你也可以提出你喝茶时遇到的问题和产生的想法——这是一本可以对话的书。

最后特别感谢各位读者对“茶的故事”的支持与喜爱，这激励着我们在茶这件事情上分享更多有价值的内容，让大家感受到喝茶带来的幸福。希望你能爱上这本书，爱上中国茶。

“茶的故事”团队

目录

第一章 / 什么是茶

一杯茶在身体里的旅行......................2

喝茶有什么好处..............................4

中国茶分几类？有什么区别................6

茶树与茶叶：红茶树上长红茶吗...........9

药用、食用、饮用，茶的数千年历史总结..10

你曾旅游过的那些名山，都盛产什么茶..14

茶叶中的“杀青”是什么意思............16

茶叶为什么会有各种形状.................18

什么是茶的烘焙............................20

第二章 / 喝茶的常识

不同体质的人该喝什么茶.................24

一天之中，该怎么喝茶....................26

不同季节该喝什么茶......................28

不同年龄段，喝茶要注意什么............32

儿童到底能不能喝茶......................34

女性喝茶，要注意几个特殊时期..........35
喝茶“伤胃”还是“养胃”..................38
“醉茶”是怎么回事..........................40
喝茶真的能解酒吗..........................41
喝茶到底能不能减肥........................42
茶沫脏吗？对人体是否有害...............44
隔夜茶有毒，是真的吗.....................45
喝茶失眠？就看你怎么喝..................46
六招教你保存好心爱的茶..................48
不可不知的茶渣妙用.......................50

第三章 / 怎样泡好一杯茶

水为茶之母，选好水才能泡好茶..........54
掌握 3 个窍门，新手也能泡好茶..........56
投茶量应该怎么把握.......................58
泡茶时，到底是先加茶还是先加水.......60
注水方式也会影响茶的口感...............62
洗茶、润茶、醒茶有什么区别.............64
茶叶越耐泡，说明品质越好吗.............66
煮茶是怎么回事............................68
如何像茶艺师一样优雅地泡茶............70

第四章 / 如何挑选合适的茶具

不同材质的茶具有什么差异，该怎么选..76
常用茶具，你都用对了吗..................80
用对这些茶具，让泡茶更有仪式感.......84
怎样选一把适合自己的紫砂壶............88
别把好壶养废了............................91
茶具清洁，让你的茶桌焕然一新..........94
学会这个拿盖碗的手势，不烫手还好看..96

专题一 / 了解几种小茶具，像茶艺师一样泡茶......................................98

第五章 / 如何品味一杯茶

一看就清晰的品茶维度...................102
干茶的信息.................................103
茶汤的颜色.................................106
茶这么香，是不是添加进去的...........108
茶的滋味...................................110
叶底的信息.................................113
喝茶为什么会有回甘.......................114
喝茶会出汗是怎么回事...................116
为什么茶中会喝出酸味...................118
为什么有时喝茶会喝出“水味”..........120
香精茶该怎么分辨........................122
劣质茶的 6 个信号........................124
不苦不涩不是茶吗........................126

第六章 / 哪款是你最爱的茶

西湖龙井，喝过才知春天味……………130

洞庭碧螺春，传说中的“吓煞人香”…..132

太平猴魁，出自黄山的清香味…………134

黄山毛峰，雀舌状，兰花香……………136

六安瓜片，“重口味”喝出内涵…………138

信阳毛尖，好一幅杯中景色……………140

安吉白茶，绿茶中的另类………………142

福鼎白茶，工艺最纯粹的好茶…………144

君山银针，黄汤黄叶满口香……………147

大红袍，不是红茶而是乌龙茶…………149

铁观音，风靡全国的乌龙茶……………152

凤凰单丛，茶叶中的香水………………154

台湾高山茶，高山云雾孕育乌龙精品…156

东方美人茶，被虫子咬出来的好茶……160

正山小种，世界红茶的发源……………162

滇红，就是云南的浓香滋味……………164

祁门红茶，用香气征服世界……………166

英德红茶，香飘海外的中国红茶………168

安化黑茶，茶马古道上的粗犷醇厚……170

六堡茶，一味祛湿解热的“良药”………172

普洱茶，时光的轮转尽在这杯茶汤……174

柑普茶，陈皮与普洱的完美结合………177

茉莉花茶，越喝越美的养颜茶…………179

抹茶，古典又时尚，可以吃的茶………182

专题二 / 白茶，久藏更好喝………………184

专题三 / 普洱茶怎么泡才好喝……………186

第七章 / 如何选购茶

好茶的 5 个通用标准……………………190

不同季节的茶有什么区别………………192

明前茶、雨前茶到底差别在哪里………194

茶上的毫毛是什么………………………196

想收藏茶叶，一定要知道这些常识……198

拼配茶和纯料茶，到底哪种好…………201

高山茶与平地茶该怎么辨别…………203

茶叶老、有茶梗，是品质不好吗………206

避免买到陈茶的几个窍门………………209

第八章 / 中国人的茶生活

这样搭配，让你的茶桌更好看…………212

细节处读懂中国茶礼仪…………………214

向往的生活，把茶日子过成了诗………217

茶的五大精神……………………………220

何必出远门，喝茶也是一场修行………223

什么是茶

扫码查看
本章更多话题

一杯茶在身体里的旅行

一杯茶下肚后，其实在身体里发生了很多我们看不见的变化。茶中的物质经过消化系统的分解、吸收，再由血液运输到身体的各个部位，从而对身体健康起到积极的作用。

旅行路线

茶对人体的好处可以用三个字来概括：清、解、排。就像住的时间久了，房子里面垃圾、灰尘必然会多起来，人也是一样的。茶就是一把非常好的“生物扫帚”，可以清除人体内的垃圾和毒素，让疾病缺少生长的土壤。

如果将茶进入身体比作乘坐轻轨的话，茶汤从茶杯出发，乘坐“食道轻轨”到达胃部和小肠，并由小肠黏膜“摆渡”进入小肠毛细血管，随后穿过肝门静脉进入肝脏，这里设有安检，“安检员”——酶负责检查大件物品，并将其拆分成各种小体积代谢物，它们是接下来旅程的“游客”。

随后，心脏会根据“游客”的喜好和特点安排住宿，将“游客”送到全身各个组织器官中，“游客们”在那里各显神通，发挥各自的保健和药理作用，打扫并装扮房间，然后自由活动，最后带走该带走的代谢物，随粪便或尿液排出体外，愉快地结束此次旅行。

茶多酚的旅程

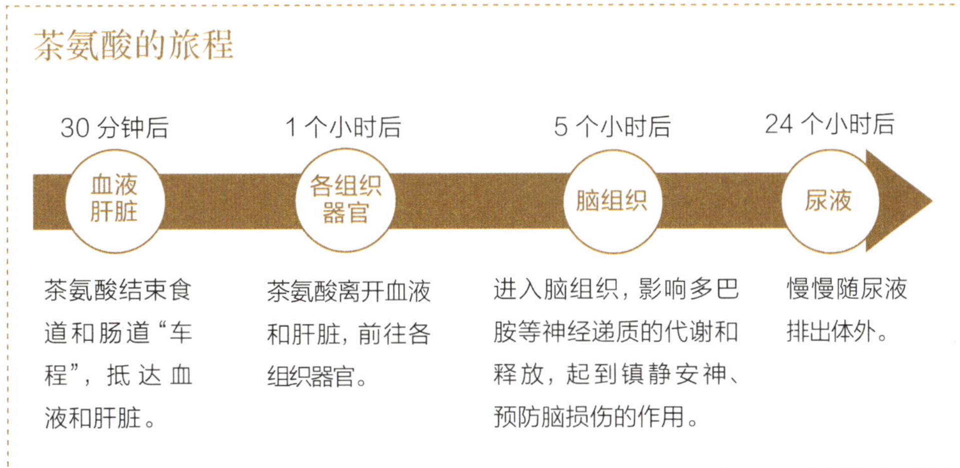

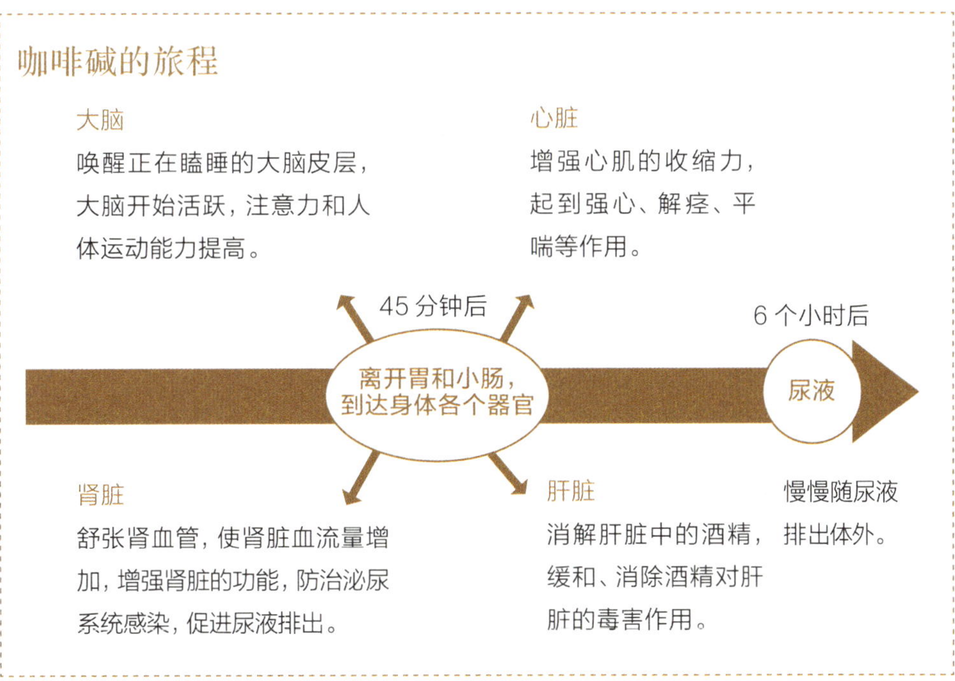

芳香物质的旅程

芳香物质乘坐“嗅觉时光机”，穿过“鼻腔通路”或“鼻咽通路”抵达嗅黏膜，嗅细胞看到芳香物质到访异常兴奋，于是让“冲动”沿嗅神经通报大脑。大脑听到芳香物质到访非常开心，于是人的情绪变得愉悦。

喝茶有什么好处

喝茶很健康已经成为大家的共识，这是因为茶含有很多对人体有益的成分，它们各司其职，发挥着不同的作用。下面我们整理了茶中的主要活性成分，看看它们在味觉和健康作用两个方面都有哪些好处。

茶多酚

占干茶的18%~36%，可抗氧化、降压降脂、杀菌消炎的天然人体保鲜剂。

味觉：苦涩味、浓厚感、回甘的来源。

健康作用：抗氧化、降血脂、降血压、抗辐射损伤、除臭、杀菌消炎等，对创口愈合的促进作用明显。

咖啡碱

占干茶的2%~4%，可提神、强心、利尿的温和兴奋剂。

味觉：苦味。

健康作用：兴奋中枢神经、强心、利尿。

氨基酸

占干茶的1%~4%，可降压安神、增强记忆的神经松弛剂。

味觉：鲜味、甘甜味、爽口感。

健康作用：促进神经生长、增强记忆力、降压安神、护肝、改善肾功能。

芳香物质

占干茶的0.005%~0.03%，可愉悦身心的天然香水。

嗅觉：茶香气来源。

健康作用：舒缓身心、镇静安眠。

除了上述物质，还有一些物质虽然不是影响茶品质的主要因素，可对人体也是有益的。如糖类、维生素、茶皂素、矿物质等。

糖类

占干茶的 20%~25%，其中茶多糖是可降糖降脂的血糖调节剂。

味觉：可溶的单糖、双糖是甜味来源，而线性的多糖聚合物、果胶等可增加黏稠感。

健康作用：茶多糖可抑制血糖上升、降低胆固醇、增强免疫力。

维生素

占干茶的 0.6%~1%。

维生素对味觉没有明显的影响，但即使微量，对健康也非常有益。茶叶中含有多种维生素，能够被人体吸收的主要是可以溶于水的维生素 C 和 B 族维生素。维生素 C 可抗氧化、增强抵抗力、防止坏血病、促进伤口愈合，B 族维生素可抗衰老，预防皮肤病、消化系统疾病、眼病等。

茶皂素

占干茶的 0.1%。

茶皂素是一种带苦味和辛辣感的物质。泡茶时产生泡沫，其中就有茶皂素的作用。此外，它还有抗菌消炎、镇痛、降血压等作用。

矿物质

占干茶的 2%~4%。

茶中能溶于水的矿物质，如磷、钾、钙、镁、铁、锰、氟、硒等，对味觉的影响非常微妙，能够轻微增强茶汤的丰富度。而且这些微量元素对人体有益，其中比较明显的是氟和硒，氟可以预防龋齿和骨质疏松，硒可以增强身体抵抗力、抗氧化等。

中国茶分几类？有什么区别

中国茶的分类标准，是著名茶学专家陈椽教授在 1979 年提出的。根据茶叶加工工艺对茶叶颜色、内质形成不同程度的影响，将茶叶分为绿茶、白茶、青茶（乌龙茶）、黄茶、红茶、黑茶六类，它们有各自不同的外观和口感特点。

和朋友一起喝茶，你可能会听到："喝点发酵茶，养胃。""这是绿茶，不发酵。""你看这个铁观音，有绿叶红镶边，半发酵的。"难道做茶跟做面食、酿酒一样有发酵的概念？

没错，只是茶叶的发酵并不像发面、酿酒一样需要微生物的参与（黑茶除外），而是像树上的青苹果，一开始滋味青涩，在成熟的过程中，果皮越来越红，变得越来越香，也越来越甜。茶的发酵正是这样的一个"熟化"过程，是在茶叶内部酶的作用下发生的氧化反应。

绿茶清鲜、乌龙茶甘香、红茶甜蜜，发酵程度越轻，茶叶就越接近植物本身的风味，发酵程度加深，茶香就越来越浓郁、深沉，滋味就越来越甘甜、醇和。普洱茶则有些特殊，分为生普和熟普，生普是在绿茶工艺基础上进一步加工而成，熟普则需要深度发酵，属于黑茶类。

下面我们对照不同的茶类，来看看它们的发酵程度有什么不同。

通过上页的图片展示，我们可以看出，发酵度越高，干茶和汤色的颜色也就越深，这是因为在制茶的工艺作用下，茶多酚的氧化程度越来越深，形成了一些黄色、红色、褐色的天然色素。

下面我们来具体看看，是什么样的工艺造成了这些变化，口感上又各自有什么区别。

不发酵茶：绿茶

代表：西湖龙井、黄山毛峰、碧螺春

绿茶在制作时需要下锅炒制，人们阻止杀青的过程叫做“杀青”，用高温破坏了酶的活性，从根本上避免茶叶发酵。这种工艺保留了茶叶天然的物质，形成绿茶清汤绿叶、天然清爽、苦后回甘的风格。但也保留了茶多酚的收敛性，因此入口时嘴里会有一定的涩感。

| 西湖龙井 |

部分发酵茶：乌龙茶、白茶、黄茶

代表：大红袍、铁观音、单丛、福鼎白茶、君山银针

这几类茶人们都通过不同的方式，让茶叶产生了不同程度的发酵。

比如乌龙茶的摇青，让叶片边缘轻度破损，轻度发酵，再加上后续的烘焙，让乌龙茶成为香气最复杂、最浓郁的茶类。白茶不炒不揉，但日晒的过程加上内部酶的催化，让白茶产生了轻缓的发酵，甜度好，还能越存放越好喝。黄茶采用闷黄工艺，在无氧的条件下进行另一种形式的发酵，让茶叶有了一种“捂熟”的甜香。

所以，让茶叶稍微发酵一下，就形成了非常多样的口感。其中乌龙茶因为发酵程度居中，也常称为“半发酵茶”。

｜大红袍｜

全发酵茶：红茶

代表：正山小种、滇红、祁门红茶、英德红茶

红茶的发酵就更加彻底了，制作时会用揉搓的动作，将茶汁挤出，再放在竹匾中发酵数小时，直到青味去除，茶叶变红。这样让茶叶内刺激性的物质降到最低，香气也呈现出“熟化”了的花果香，所以我们常说红茶是一种温和的茶，对肠胃的刺激性也是非常弱的。

｜滇红｜

后发酵茶：黑茶

代表：安化黑茶、六堡茶、熟普

前面提到的几种发酵，都是茶叶制作时自然发生的，而黑茶则是需要后续渥堆，借助微生物进行发酵的茶，有点像酿酒、酿造酱油了。

发酵完成的黑茶颜色比红茶还要深，带有类似老木头的陈香，这种香气非常浓郁而沉稳。温和不刺激的同时，也非常醇厚，茶汤也会有一种饱满充盈的感觉。

｜安化黑茶｜

过去人们只会做绿茶和一点点白茶，可学会了“发酵”之后，各大茶类就像雨后春笋一样冒出，茶叶的味道也就越来越丰富了。清楚了茶叶的发酵过程和发酵程度，在喝不同类别的茶时，我们就会更深刻地理解其中的风味差别。对照发酵程度，我们也能更容易地找到自己喜欢的茶。

茶树与茶叶：红茶树上长红茶吗

| 新生的茶芽 |

很多人在看到漫山遍野的茶树时，会问：这是红茶树还是绿茶树？人们很少了解茶的生长和生产，很容易会以为红茶是红茶树上长的，绿茶是绿茶树上长的。不单是普通人，就连 19 世纪英国的博物学家们也是这么认为的，直到东印度公司带回茶树的实物，大家才明白并不是这么回事。

茶树与茶的关系，有点像食材与食物的关系。比如，我们从市场买食材回来，同一种材料可以煎、炒、烹、炸，做成不同的菜式。面粉揉成面团，蒸一下是馒头，烤一下是面包，拉长煮一下则是面条。茶也一样，不论红茶还是绿茶，都是要从茶树上采摘鲜绿的叶子下来进行制作。如果用红茶的发酵工艺，制作出来的就是红茶；如果是采用绿茶的杀青工艺，制作出来的就是绿茶。

不过茶树有很多细分品种，比如大叶的、小叶的、绒毛多的、梗长的。一些茶树的品种名也是茶叶名，如铁观音、水仙、肉桂、英红九号。每个品种都有其特性，适合制作不同种类的茶。就像老母鸡适合煲汤，仔鸡适合红烧，还有的适合盐焗，有的清蒸则更香。

中国每个产茶的省份都有特色品种，适合制作有地方特色的茶，比如龙井 43 号品种，制出的龙井茶就很好；福鼎大白茶品种，适合制作清爽的白茶；云南深山里的云南大叶种，制成普洱茶和滇红，口感都很浓厚，回甘强烈。

有着丰富经验的茶农和制茶师傅，会用合适的品种制作合适的茶，这样才能发挥一片叶子最好的价值，让口感和风味达到最佳。

小知识

有时茶树品种也会被人迁徙到其他地方，产生新的茶。1855 年，举人林凤池从武夷山带回 36 株青心乌龙茶苗，在台湾鹿谷乡试种，后用福建安溪传来的乌龙茶工艺，制成了冻顶乌龙。比它稍早几年，著名的“茶叶大盗”——英国植物学家罗伯特 · 福琼，深入中国内陆寻找茶叶种子，并在印度育种成功，改良了大吉岭和阿萨姆红茶的口感，由此结束了历史上中国对茶叶种植与加工的垄断。

药用、食用、饮用，茶的数千年历史总结

茶是中国人最熟悉的健康饮料，它来自于一种山茶科常绿植物的鲜绿叶片。茶在历史上扮演过很多重要的角色，它是一味清热解毒的药材，它是文人写作的主题，它也是稳固边疆的重要战略物资；它救过无数人的性命，它也曾让各民族为之大打出手，爆发战争。

| 好药出深山，茶亦如此 |

药用：茶与中药的不解之缘

茶走上历史舞台，要追溯到遥远的上古时代。

传说神农氏就地煮水，旁边树上的叶片偶然飘落入锅中，让原本平淡无奇的水有了味道。人们饮用后神清气爽，焕发神采，由此发现了茶树的存在。不过那时的茶还叫“荼（tú）”。《神农百草经》中说，“神农尝百草……日遇七十二毒，得荼而解”。神农究竟有没有中这么多毒，无可考证，不过至少说明一件事：茶是有药理作用的。

曾有人猜测，当人还住在山洞里，每天需要在树林中捕猎时，就已经能认出茶树了。这可是一个必备的技能，因为人们外出需要多日才能返回，对各种功能性的植物要非常了解才能生存下去。茶树的叶子可以直接放在嘴里咀嚼，让头脑保持清醒，同时满口生津，清热解毒。将茶叶嚼烂后敷在伤口上，还能杀菌消炎，实在是山中生活必备良药。

于是茶叶成为一种药材，被广泛使用在药方中。然而当时茶叶还是不易获取的，要像采药一样去山里寻找。直到3000年前，在四川雅安的蒙顶山上，一位叫吴理真的道士成功将茶树品种驯化，让茶成为一种农作物。

这是一件非常伟大的事情，一种野生植物转变成可种植的经济作物，要克服非常多的困难，比如长势、抗病抗虫、应对恶劣天气等。在现代科研条件下，想要培育一个新品种都需要好几十年的努力，可想那时的艰难。

食用：从吃茶到饮茶

虽然，种植茶树让更多的人喝茶成为可能，不过，此时离人类优雅地品茶还有很长的一段路。民以食为天，精神富足的前提是要填饱肚子，因此，茶叶在成为国民饮料之前，是先被作为一种食材使用的。由于它药效温和，能够和其他食物一起做成菜，每天吃都没关系。

在云南的少数民族中，人们将茶和其他植物的叶子捣烂，加上米饭、肉末等，做成一道凉拌饭食，这种饮食习惯持续了上千年。1973年，长沙马王堆曾出土用茶叶做成的苦羹，有专家认为这种苦羹就是用茶与米做成的茗粥。如此说来，秦汉以前人们食茶已成普遍的习俗。到了唐代，即使茶文化盛行，已经开始煮饮茶叶，但人们依然习惯在其中加盐、姜、橘皮等。

在华南地区，以客家人为主传承下来的“擂茶”就是一个典型例子，擂茶一般用大米、花生、芝麻、绿豆、食盐、茶叶、生姜等为原料，用擂钵捣烂成糊状，冲入开水和匀，加上炒米，清香可口。日常发

| 擂茶 |

| 点茶 |

热感冒、头痛等，喝一碗热乎乎的擂茶，食疗效果明显。曾经老百姓因为各种原因南迁，可在中原就有的茶食习惯没有改变，而且味苦清凉的茶，帮助了客家人民抵御南方的瘴气，免了许多疾病之苦。

烹饪的发展其实在慢慢地带动茶叶的饮用，以前人们只会煮、烤这些简单原始的烹饪方法时，茶叶的味道是相对单一的。当人们学会蒸之后，慢慢有了蒸青绿茶出现。蒸汽的高温杀死茶叶中的活性酶，叶片保持鲜绿而不会变红，口感清苦爽口。绿茶由此诞生，并且在唐宋时期得到了空前的发展。

唐代时兴煎茶煮饮，将茶叶炙烤、研碎后再煮，还要加盐或姜调味，这在陆羽的《茶经》中得到了充分的展现。至宋朝时，则将茶直接磨成细腻的粉末，放入碗中，注入热水后搅打，产生丰富的泡沫后，连汤带水一起饮用，被称为点茶法，这与现在花式咖啡的奶泡十分相似。这一方式由日本大广心禅师在杭州径山寺习得，并带回日本，逐渐演变为仪式感极强的日本茶道，蒸青绿茶和由其演变而成的抹茶，成为日本饮茶的主流。

在中国，点茶法还顺势将建盏流行起来，这是一种产自福建南平的深色茶碗，它最适合点茶后观赏绵密的泡沫。

小知识 

陆羽（733~804），被称为“茶圣”，他用26年时间撰写出历史上第一部茶叶专著《茶经》。其中包罗万象，开篇即说明“茶，南方之嘉木也”，随后从产地、制茶、泡茶用水、茶具、茶诗等多个角度阐明茶叶是一门学问和艺术，这在当时是革命性的。陆羽之后，才有“茶”字，才有茶学，才有民间更为兴盛的饮茶之风。

宋代产生了茗战，也就是斗茶，这是当时民间街头最有趣和刺激的活动，比拼的就是点茶。如果茶粉研磨细腻，用水鲜活，搅打的动作流畅快速，就能产生细腻且不散开的泡沫，俗称“咬盏”，泡沫保持得越久，则胜出。然而最有意思的要数“茶百戏”，需要在点茶时，用绘画的手法在茶末上作画，有的像花鸟鱼虫，有的似山水，可谓是一套宋代版的“咖啡拉花”艺术。

饮用：炒，让泡茶成为可能

明朝以前，进贡的茶叶都是绿茶压制成饼，比如有名的龙团凤饼，这是皇家才喝得到的上品。可饼茶制作太耗时耗力，宋代将茶叶美学发展至顶峰之后，似乎大家都在想着法子把茶做得更精细精美，哪怕是过度牺牲人力。朱元璋起于草芥而登天子之位，他非常清楚百姓为了生活是怎样地辛苦。于是他下令，罢团茶兴散茶，精简环节，废弃不必要的压制，不苛求采摘细的嫩的等。

这一政策使得其后的茶成为和现代的茶比较接近的散茶状态，而且泡茶也更加简单，只需要在杯中放入散茶，注水冲泡即可，无需熬煮。这一切带来的，还有制茶工艺的爆发，原本人们只知道蒸青绿茶和一点炒青绿茶。茶叶饮用的解放则触动了人们对美好滋味的追求，炒青绿茶因为香气更足，滋味更浓，而开始被广泛接受。而在安徽和四川，杀青后偶然将茶叶搁置闷黄，形成了早期的黄茶。明朝嘉靖年间，白茶也渐渐摆脱原始随意的制作方式，开始有成型的日晒工艺。明末清初的时候，红茶、乌龙茶在福建武夷山陆续产生。在湖南安化也形成了揉捻后渥堆发酵的工艺，且通过蒸压的方式，形成砖等形状的黑茶。

茶叶从原始的药用、食用，唐宋的美学顶峰，再到明朝因为政策更开放而让饮用茶变得普及，六大茶类陆续登场。茶叶历史的车轮就是这样滚滚向前，留下的痕迹在今天很多都依稀可见。茶，这一最能代表中国人个性的饮品，目前已成为公认的世界三大健康饮料之一，而且是饮用人口最多的。每一段历史都曾是当下，每一个当下都将成为历史。茶——这片神奇的树叶，经历了漫长的发展历程，它的故事将会永存，它的传奇也将永续。

| 冲泡已成为今天饮茶的主流方式 |

你曾旅游过的那些名山，都盛产什么茶

| 武夷岩茶产区 |

武夷山：武夷岩茶、正山小种

武夷山位于福建省南平市，是丹霞地貌的代表，其中纵横交错的山涧、溪流、岩石，形成了上百种小气候，产出风味变化极多的武夷岩茶。仅剩 3 棵 6 株的母树大红袍，就在风景区内。

距离风景区 45 千米的桐木村，是武夷山国家级自然保护区，也是世界红茶的发源地。漫山遍野是竹林、松树、茶树，其中产出的正山小种有独特的木质香。

黄山：黄山毛峰、太平猴魁、祁门红茶

黄山位于安徽省黄山市，有“五岳归来不看山，黄山归来不看岳”一说。这里自古就是好茶的产区，森林密布，多云雾，其风景区和支脉诞生的名茶就有 3 种。

黄山毛峰主产于黄山市黄山区、徽州区、歙县、黟县，太平猴魁主产于黄山市黄山区太平湖附近，祁门红茶主产于冬至、祁门一带。其余还有屯溪区的屯溪绿茶、休宁县的松萝茶等。因环境得天独厚，黄山的小品类茶众多。

太姥山：福鼎白茶

太姥山位于福建省福鼎市，是一座靠海的茶山，多奇岩怪石。山中最有名的是那棵树龄百余年，高 6.16 米，名叫“绿雪芽”的茶树，中途枯死后又发出一株，生生不息。

庐山：庐山云雾

庐山位于江西省九江市境内，以雄、奇、险、秀闻名于世，素有“匡庐奇秀甲天下”之美誉。气候凉爽多雾，日光直射时间短，产出的庐山云雾茶叶厚，毫多，醇甘耐泡，宋代曾被列为“贡茶”。

凤凰山：凤凰单丛

凤凰山位于广东省潮州市一带，是凤凰单丛茶的原产地。其中一座主峰叫乌岽山，是目前最有名气、产高品质单丛的核心区域。早年采用茶籽方式繁育，形成了很多变种。单丛茶目前也是香型最多、最复杂的茶之一。

蒙顶山：蒙顶甘露、蒙顶黄芽

蒙顶山位于四川省雅安市，是中国茶叶的发源地之一，产茶历史悠久。3000多年前，蒙顶道士吴理真第一次将茶树驯化成为可种植的作物，被称为“茶祖”。更有著名诗句“扬子江心水，蒙顶山上茶”的歌颂。

云南六大茶山：普洱茶

云南古六大茶山，位于澜沧江东侧，是历史上有名的茶叶产区和集散地，也是茶马古道的重要路线。以易武最为有名，其余茶山为倚邦、革登、莽枝、蛮砖、攸乐。除攸乐属西双版纳景洪市，其余五大茶山均在西双版纳勐腊县。

新六大茶山在澜沧江西侧，聚集着目前普洱茶较火热的产区，有南糯、南峤、勐宋、布朗、巴达、景迈。除景迈属普洱市澜沧县，其余五大茶山位于云南省西双版纳勐海县。

| 云南普洱茶的制作 |

茶叶中的“杀青”是什么意思

茶叶的“杀青”与演员演完戏的“杀青”一样，都是终止一个过程的意思，是茶叶制作的一项关键工艺。对于绿茶来说，如果青味重，或者茶叶发红、有焦糊痕迹，那你就可以说：这款茶杀青工艺做的不到位。

茶叶在刚采摘下来时，叶片里还有很多活性酶，这些酶是茶叶发酵时很多化学反应的催化剂。如果要制作红茶，这些酶可是好东西，它们可以促进红茶的发酵，形成红汤红叶的特点。可若是制作绿茶，那它们就是不稳定分子了。因为绿茶需要保留茶叶中的很多原始成分，保持茶叶的鲜绿，就得想办法用高温杀死这些酶，“终止”化学反应。

茶叶杀青，俗称“炒茶”

杀青的作用

杀青有三个方面的作用

（1）杀死茶叶中的酶，保持绿茶鲜绿的品质。

（2）去除低沸点的青臭气，让茶叶焕发清香。

（3）蒸发一些水分，让茶叶变软，方便后续制作形状。

其中第一点最为重要，杀青就像一道终止符。制茶师将茶叶下锅炒制，锅温一般会在200~240℃，高温能让酶失去活性。

叶底泛红

叶底焦斑

| 杀青不好的茶的叶底 |

杀青和品茶的关系

杀青是绿茶制作非常关键的一步，如果我们喝的绿茶品质不好，很多时候和杀青有关。

如果茶叶青味重，说明杀青时锅温不够，或出锅太早，没炒透就结束了。

如果干茶和叶底泛红，滋味苦涩不爽口，说明杀青时不均匀，或没炒透，且干燥前搁置太久，茶叶发生了轻度发酵。

如果干茶和叶底有黑色的焦斑，滋味也有焦糊味，说明杀青时间过长，或者温度太高，把茶叶炒焦了。

| 正常杀青的茶的叶底（西湖龙井）|

历史上，基于绿茶的工艺，又发展出了六大茶类中的乌龙茶、黄茶、黑茶，这几类茶都有“杀青”的工序。各自经过特有的工序制作后，用高温来“终止”酶的活性，茶叶就停留在制茶师想要的状态了。

茶叶为什么会有各种形状

冲泡时对外形的关注是茶和咖啡很不同的一点。咖啡豆都被磨成了粉，萃取出来后我们只品尝风味，而茶从拿到手的那一刻，我们就习惯要求它匀整、赏心悦目，高手还会根据外形调整冲泡时的参数。

茶叶在发展中出现各种各样的外形，这不是茶自己天然拥有的，而是在制作时人为加工而成。总体来说，对茶叶形状的塑造离不开几个方向：紧实、均匀、美观、方便冲泡。出于这些不同的目的，人们在茶叶身上采用了不同的做形工艺，让它以各种形态出现在货架上。

| 手工揉捻茶叶 |

揉捻，缩小体积，方便运输

茶是叶片，运输起来是个大麻烦。可以想象一下秋天满地的落叶，干燥、蓬松，而且很脆，茶叶如果也像这样没有经过塑形的话，就会占很大体积，不方便运输，而且很容易被压碎。

因此，人们想了很多办法，在茶叶还未干燥定型前给茶叶压缩体积，最常见的就是揉成条形，茶叶就像拧过的麻绳一样紧结，这在红茶、乌龙茶类中很广泛。部分名茶在揉成条形之余，还会进一步做卷曲，让叶片细小紧实，比如洞庭碧螺春、都匀毛尖、祁门红香螺。或者是压扁成薄薄的一片，比如西湖龙井、太平猴魁等。

对于比较成熟的叶片，还可以做得更彻底一些，比如用包揉的工艺揉成球形，原本一片较大的叶子，就可以变成很小的一粒。如安溪铁观音，还有台湾高山乌龙茶等。

此外揉捻还有两个好处，第一是揉捻需要用力挤压茶叶，茶汁被一定程度地挤压出来之后，更有利于冲泡出味。对于全发酵的茶叶来说，让茶汁暴露在空气中，能更好地氧化发酵。第二是大家开始用工夫茶具泡茶之后，这些形状紧实的茶叶在热水中舒展开需要一定的时间，这样茶叶的味道就能缓慢释放，可以冲泡更多次，口感也更有层次，增加了耐泡度。

揉切，让茶出味更快

如果做成出口型的茶，那就不一样了，西方人喝茶更多的是调饮。而且因为历史习惯的不同，他们喝茶不太注重外形，而是关注口感的浓强度，要求出味快。而且比较细碎的茶也更容易分装和运输，因此制茶时会加入揉切或者切碎的工序，再筛分成不同的级别，比如传统的出口型滇红、祁门工夫红茶等。

理条，让茶叶更具美感

当然，中国人喝茶，注重口感的同时也希望有美感，尤其是细嫩的芽茶，或者是鲜绿的绿茶，这就有了“理条”的工序。理条能够让分装更方便的同时，最重要的是让所有的茶叶都很直，像针一样很好看。比如黄山毛峰、湄潭翠芽、竹叶青等。

目前这些茶叶的做形工艺基本都可以用机器代替，但过去传统的手工工艺，很多也依然保存着。一个经验丰富的老师傅，可以用双手将茶叶一点一点塑造成最终的形状，这需要力量和技巧，也需要对茶叶每一个瞬间的状态都充分了解。也许未来机械化会越来越普及，但希望在了解这些茶叶塑形工序之后，也不会忘记这些经过岁月考验的手艺。

小知识

历史上，为了解决茶叶运输问题，人们还创造了饼茶、砖茶、沱茶，比如需要在茶马古道上长途运输给边疆的民族饮用的边销茶，茶类主要是黑茶。

其方法是，将散茶用蒸汽蒸软，再放入布袋或模具中压紧，再干燥，经过这样处理的茶，可长时间保存且节约体积。饮用这类茶时，用茶针、茶刀等工具撬开即可。

什么是茶的烘焙

烘焙，在很多茶类里是最后一道工序，它是通过热力改变茶叶的内含物成分，起到调和香气、让茶尝起来更浓厚的作用。这一点非常像制作面食，不烘焙或者是轻度烘焙的茶，很像面团揉好之后清蒸成馒头，白白的，保持了面粉的原味；而烘焙过的茶，就成了烧饼或者是烤面包，有了面团原本没有的浓香、焦香。

| 乌龙茶的烘焙 |

烘焙在乌龙茶制作中尤为重要

烘焙在乌龙茶类里很常见，如武夷岩茶、铁观音、凤凰单丛、台湾高山茶等，都涉及烘焙的工序。每年的 6 月到中秋节前夕，只要天气晴好不下雨，都是武夷岩茶烘焙的时间。有经验的焙火师傅会使用荔枝木炭作为材料，生好火之后再用炭灰覆盖，这样就只有温度透出，而没有明火和烟。茶叶经过 15 天的文火慢焙，颜色从黄绿色渐渐变成青褐色，再到红褐色。师傅会根据不同品种的特性和消费者的口感要求，烘焙到不同的程度。

像日常常见的铁观音，也有清香型和浓香型之分，前者更像绿茶的风格，爽口高香，有兰花香，而后者则口感更浓厚，带有熟果香和烤米香。甚至还有接近黑色的焦香型，这是用比较高的温度烘焙而成，有浓重的炭焙味。

小知识

无论是茶叶还是面食，烘焙时都会产生一种反应，在化学上都叫“美拉德反应”，是法国化学家路易斯·卡米拉·美拉德于1912年发现的，指的是食物中的还原糖或者蛋白质在加热时，产生了棕黑色的大分子物质，还产生了成百上千种香气物质，让颜色、香气、滋味都发生了变化。诸如肉的焙烤、烟草的烤制、咖啡的烘焙，都伴随着美拉德反应。

这一点在看干茶和闻香气的时候，明显可以感知到。我们可以像前面讲茶叶分类的时候一样，把烘焙理解成一种物理的发酵过程。烘焙程度越轻，则颜色越黄绿，口味越清爽；烘焙程度越重，则颜色越深，口味越浓厚。大家可以根据自己的口感喜好选择喜欢的茶。

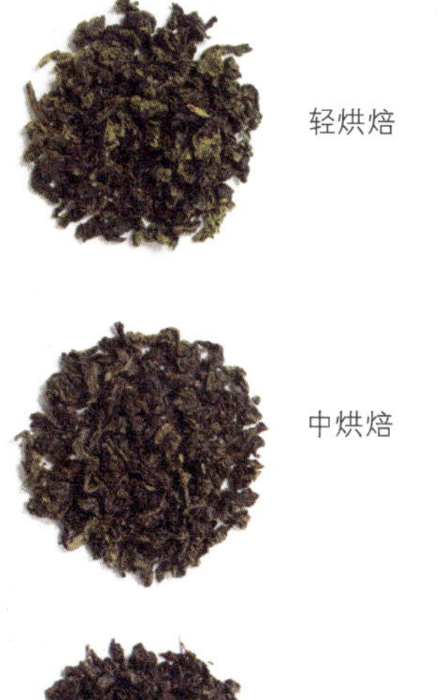

| 不同烘焙度的铁观音 |

海拔越高的茶，烘焙舍不得做高

一般海拔越高的茶，烘焙程度越低，而越是低海拔的平地茶，通常颜色很深，焦焦的。主要原因是高海拔茶的原料质量一般会更高，积累的有益成分和独特高山韵味更足，而烘焙则会让原本天然的韵味被覆盖掉。因此，我们在潮州的凤凰山、台湾的中部山脉，都会发现越高海拔的优质产区，其茶叶越是低烘焙、偏清香的风格，香气一般以花香为主，比较纯净。

我们可以这样认为：烘焙是一种调和口感的工序，但在茶叶原料很好，需要突出地域特色口感时，烘焙不能过重。这一点大家日常喝茶对比的时候，可以当作一个判别的方法。

如果到茶产区旅游，在茶叶产地购买茶叶，需要注意一点，就是茶叶刚刚制作好（或烘焙好）的时候，不建议大量喝或者马上作为日常饮用。因为刚烘焙好的茶，往往需要一个月的时间退火，才能表现出最佳口感。否则，喝下去后喉咙会有一种不舒服的燥热感，饮用过多还容易上火，甚至长痘和引起咽喉红肿。

读完本章有任何疑惑
可随时扫码提问

喝茶的常识

扫码查看
本章更多话题

不同体质的人该喝什么茶

养生要因人而异，中医将人分为九种体质，即平和体质、气虚体质、阴虚体质、阳虚体质、痰湿体质、湿热体质、血瘀体质、气郁体质、特禀体质。不同体质的人具有不同特点，喝茶若能根据体质选择，会对健康更加有益。

| 性质温和的红茶适合大多数人饮用 |

不同体质者的身心特征及茶饮选择

体质	身心特征	宜饮茶类
平和体质	体态适中，面色红润，头发稠密有光泽，目光有神，不易疲劳，精力充沛，性格随和开朗	各类茶皆可饮用，可以根据季节选择茶类。春季喝花茶有助于防春困；夏季喝白茶、绿茶可解暑；秋季喝乌龙茶可润燥；冬季喝红茶、普洱茶可暖身滋养
气虚体质	经常疲乏无力，出虚汗，呼吸短促，肌肉松软不实。食凉易便溏。性格多沉闷，内向喜静。不耐受风、寒、暑、湿邪。易感冒	可以多喝经过发酵的茶，如祁红、滇红、岩茶、凤凰单丛、普洱熟茶等 ▲少喝或者不喝未发酵和轻发酵的茶，避免喝绿茶
阴虚体质	消瘦，皮肤干燥，易口干，眼睛干涩。易面红潮热、五心烦热、盗汗遗精、心烦眠少。不耐受暑热，性情急躁，喜吃凉食	可常喝黄茶、白茶等性凉有滋阴作用的茶。如蒙顶黄芽、君山银针、白毫银针、白牡丹等
阳虚体质	手脚发凉，腰部、膝关节怕冷，不耐寒，大便稀溏。吃凉食易腹痛腹泻。性格多沉静、内向	忌寒凉饮品，可多喝陈年茯砖、千两茶、乌龙茶暖胃暖身。 ▲普洱茶要注意喝普洱熟茶，别喝生茶
痰湿体质	体型肥胖，腹部松软肥胖，皮肤出油，汗多，胸闷痰多，眼睛浮肿，易困倦。对湿重环境适应能力差。性格温和、稳重，善忍耐	可以泡点淡淡的陈年乌龙茶和黑茶 ▲喝茶不可过度
湿热体质	面垢油光，易生痤疮，口苦口干，身重困倦，大便黏滞或燥结，小便短黄，口臭。易心烦急躁。对湿重或气温偏高环境较难适应	宜饮用茶性平和的茶。可以选择铁观音、白茶等
血瘀体质	牙龈易出血，眼睛常有红丝，肤色晦黯、舌质紫黯，皮肤常干燥、粗糙。常常出现疼痛，容易烦躁，健忘，性情急躁，不耐受寒邪	可以多喝点绿茶和茉莉花茶等清爽的茶类，如太平猴魁、洞庭碧螺春、黄山毛峰等
气郁体质	常多愁善感，闷闷不乐，无缘无故地叹气，易心慌失眠。易受惊吓，对精神刺激适应能力较差，不适应阴雨天气	宜喝茉莉花茶、桂花乌龙和凤凰单丛等气味芬芳的茶
特禀体质	易过敏，常见哮喘、风团、咽痒、鼻塞、喷嚏等。对外界环境适应能力弱。有的即使不感冒也经常鼻塞、打喷嚏、流鼻涕	宜选择发酵度较高、焙火适中的茶，如红茶、黑茶、普洱熟茶等 ▲避免喝花茶

一天之中，该怎么喝茶

茶水可解渴，但并不同于水。喝茶要的是那种滋味，一日之中不同的时间，喝不同的茶，总能带给人独特的滋味。除了心理上的慰藉，选对时间喝对的茶，对于健康也是很有帮助的。

一杯清茶，给心灵慰藉，让身体健康

早餐后，一杯淡茶开启工作

经过了一个晚上的休息，人体消耗了大量的水分，血液浓度变高，早餐后喝一杯淡茶水，不但能快速补充身体所需的水分，清理肠胃，还可以稀释血液，降低血压，对便秘也能起到预防和缓解的作用。

小知识

早上喝茶应选择淡一些的茶。

早上喝什么茶

早上喝红茶较好，因为红茶可促进血液循环，同时还能祛寒，让大脑供血充足。需要注意的是，应在吃完早餐后喝茶，因为茶叶中含有咖啡碱，空腹饮用会让肠胃吸收过多的咖啡碱，使人出现心慌、尿频等不适症状。早上的红茶也可以加入牛奶一起饮用。

下午 3 点喝茶，让身体状态恢复

下午茶宜在 3 点左右喝，这个时间身体比较疲乏，特别是处于工作中的人，喝杯茶可以改善身体状态。

下午喝什么茶

下午茶最好选择乌龙茶或绿茶。人体在中午时分肝火旺盛，喝绿茶或乌龙茶可以缓解这一症状。

清香型铁观音性凉，可以清肝胆热。茶叶中含有丰富的维生素 E，可以减少细胞耗氧量，使人更有耐久力，保持好的工作状态。绿茶有利尿排毒的功能，可使排尿通畅。

晚上 8:30 喝茶，提高身体免疫力

许多人对晚上喝茶有误解，怕影响睡眠，其实不然。晚上喝茶可以安排在 8:30 左右，这个时间是人体免疫系统最活跃的时段，喝对茶，对于修补和恢复免疫系统是很有帮助的。当然，每个人的身体耐受度不一样，可以根据身体情况灵活调整晚上喝茶的时间。如果对茶比较敏感，喝茶后容易兴奋，晚饭后就不要喝茶了。

晚上喝什么茶

晚上喝茶要注意避免饮用未发酵的茶，如绿茶，否则会对人体有一定的刺激。可以选择黑茶，尤其是熟普洱，茶性温和，口感醇厚。而且晚饭后喝黑茶可帮助分解消化道中过多的油脂。

这四种情形不宜喝茶

（1）空腹喝茶会令人心慌。

茶叶中含有咖啡碱等生物碱，空腹饮茶，肠道吸收咖啡碱过多，易使人产生亢进症状，如心慌、头昏、手脚无力、心神恍惚等。患胃、十二指肠溃疡的人更不宜空腹饮茶。因为茶多酚具有收敛性，摄入过多会刺激胃肠黏膜。

（2）酒后喝茶会加重心脏负担。

很多人习惯用浓茶解酒，这是不正确的。茶有兴奋神经中枢的作用，醉酒后喝浓茶会加重心脏负担，心肾功能较差的人更是要避免。

（3）睡前喝茶影响睡眠质量。

茶中的茶碱等物质被人体吸收后，对中枢神经系统有明显的兴奋作用，饮茶会使精神兴奋，影响睡眠，甚至导致失眠，尤其是新采的绿茶，作用更明显。茶有利尿作用，睡前喝茶还容易夜间尿频，影响睡眠质量。

（4）服药期喝茶可能影响疗效。

很多药物服用期间不宜喝茶，否则会影响药效。比如镇静助眠药物、抗心律失常药物等。

不同季节该喝什么茶

不同的季节有不同的特点，人体也会随之发生变化，所以中医讲求顺时养生，以起到事半功倍的效果。喝茶也是一种很好的养生习惯，不同的茶对身体各有微妙的影响，与季节变化也密切相关，所以我们应当根据季节变化选择不同品类的茶。

春日多困倦，喝花茶唤醒身体

严冬过后，气温逐渐转暖，春天到来，万物齐发，但气候依旧多变。此时多饮花茶，可以散发冬天积在人体内的寒邪，促使人体阳气生发，使精、气、神振奋，解除春困，让身体“醒”来。

首选茉莉花茶

茉莉花茶是春季饮茶首选，它既保持了茶叶的苦、甘的特性，又由于加工过程中使用了烘制而成为温性茶，因而具有多种保健功效，可去除胃部不适感。茉莉花茶融茶与花香的保健作用于一身，具有安神、解郁、健脾理气、抗衰老、提高机体免疫力的功效，能很好地解除春困，还可“去寒邪、助理郁”。

适当喝点花草茶

另外，春季也可以喝些花草茶。菊花茶有疏风清热的作用，可以防止春天肝火旺，还可以明目，对春天潮湿和病毒引起的嗓子痛也有缓解作用。玫瑰花茶是很好的养颜美容饮品，还能降火气，消除疲劳。

玫瑰花茶可养颜美容

小知识

文中提到的茉莉花茶属于“花茶”，是以绿茶、红茶、乌龙茶等吸附了花的香气，再筛去花朵而成的。常见的花茶还有桂花茶、玉兰花茶、珠兰花茶等。而玫瑰花茶、菊花茶则属于花草茶。是将花朵干燥后，直接用来冲泡饮用。而成分中并不含茶叶的，用茉莉花、玫瑰花等花朵直接制成冲泡的饮品，则属于花草茶。

夏热夹湿，喝绿茶消暑护肠道

夏季气候炎热，盛暑逼人，人体的津液耗损较大，需要及时补充水分。此时，以饮用绿茶为宜。

绿茶杀菌，保护肠道

绿茶具有清热解暑的作用。未经发酵的绿茶富含茶多酚、咖啡碱、氨基酸等物质，可以刺激口腔黏膜、促进消化腺分泌，有助于消暑止渴。夏天细菌活跃，绿茶中的成分有一定的抑菌作用，同时又不会伤害肠胃中有益菌的繁衍，有助于缓解夏日天热带来的肠道不适。

绿茶降血脂，保护血管

夏天人体代谢快，如果出汗多却补水少，血液的黏稠度就会增高，原本血脂较高的人就会更难受。喝点绿茶既能补水止渴，其所含的有效成分还能清理血脂，保护血管。

| 绿茶可帮助清理血脂 |

绿茶排毒抗衰老

新陈代谢的过程也会产生大量自由基，自由基是造成人体衰老的一大原因，多喝点绿茶，其中的抗氧化物质有助于消除自由基。

秋凉带燥，喝乌龙茶去乏润燥

秋季气候干燥，余热未消，人体易燥热，这时候最适宜喝乌龙茶。乌龙茶冲泡后，可看到叶片中间呈青色，叶缘呈红色，素有“青叶镶边”的美称。它既有绿茶的清香和天然花香，又有红茶的醇厚滋味，不寒不热，能帮助身体适应气候变化。

秋季喝乌龙茶，还可防止皮肤干燥老化，对血管也有一定的保护作用。

乌龙茶生津润燥除积热

乌龙茶属于半发酵茶，茶性介于红茶和绿茶之间，不寒不热，温热适中，适合秋天的气候，可润喉、生津、清除体内积热。乌龙茶含有丰富的香气物质，还可使人闻之心旷神怡，神清气爽，心情愉悦。

乌龙茶防止皮肤干燥

秋季气候干燥，人的皮肤很容易变干，起皱，水分流失会造成肌肤老化、产生皱纹等问题。乌龙茶所含多酚类物质，有一定的抗氧化作用，可以起到保护肌肤、维持肌肤润泽的作用。

乌龙茶润燥，很适合秋季饮用

乌龙茶清血脂

乌龙茶是很好的消脂茶，可以促进血液中脂肪的分解，还能降低胆固醇含量。经常喝乌龙茶，还可以增强免疫功能，减缓人体衰老。

此外，饭后喝杯乌龙茶不仅能生津止渴、口气清爽，其中所含的多酚类物质还能有效抑制齿垢酵素的产生，防止齿垢和蛀牙。

冬寒要进补，喝红茶暖身又解腻

人体的活力在冬天有所降低，肢体也容易因寒冷而变得有点僵硬迟钝。可以选择饮用性温的茶，温暖肠胃和身体，增强活力，提高抵抗力。

冬季，人的情绪也容易变得低落，这个时候，喝一杯温暖的茶，被茶的香醇和甘甜萦绕，能缓解这种因天气变化而带来的低落情绪。

冬季首选红茶

冬季喝茶首选红茶。红亮的汤色就像冬天里的一把火，让人身心倍感温暖。在红茶中加入牛奶、蜂蜜等，不仅香甜美味，还可以暖胃、亮肤，使肌肤保持红润光泽。佐以各种干果、饼干等小食，在寒冷的冬天既有温暖的气氛，又补充了能量，还能消除疲劳感。红茶对预防感冒也有一定的效果。红茶还有助消化、去油腻的作用，很适合冬季进补肥腻后饮用。

黑茶暖身暖胃、消食解腻

黑茶也很适合冬季喝。安化黑茶、六堡茶、普洱熟茶等，都是冬天不错的选择。如果黑茶有一定的陈化时间，茶性更加平和，饮用起来更为温和。黑茶可泡可煮，加入红枣、陈皮等，就能收获一杯口味独特的热饮，能在冬日里暖身暖胃、消食解腻。

暖身暖心的红茶是冬日饮品首选

不同年龄段，喝茶要注意什么

人在不同的年龄段，身体的机能和接受能力是不一样的，对于茶叶中有益成分的吸收和反应也不一样。因此，喝茶也得根据年龄来选择适合自己的那款。

儿童期（6~12 岁）：熟普、花茶，助益身体发育

茶叶中含有酚类衍生物、维生素、氨基酸、糖类、微量元素等，这些物质对儿童的生长发育有益。早餐后和下午适量饮茶，长期坚持有助于提高记忆力，增强抗病能力。

熟普茶性温和，刺激性较低。适量喝点熟普或者在饭后用茶水漱口，还能帮助预防儿童龋齿的发生。

花茶味道上不苦不涩，还有花香味，儿童会比较喜欢。

⚠特别提醒

茶中的多酚对肠胃有一定刺激性，咖啡碱会影响睡眠，儿童每天的饮茶量不要超过 3 克干茶，而且茶汤要尽量泡淡些。

青少年期（12~18 岁）：绿茶、白茶，提神醒脑护眼睛

青少年比较适合喝绿茶、白茶。绿茶的抗氧化能力强，可提神、护眼；白茶营养物质丰富，有助于生长发育。

茶中的一些多酚类物质、消化酶、茶多糖等，有助于消化代谢，能在一定程度上预防肥胖。

对于正处于学习阶段，每天需要大量用脑的青少年来说，喝茶还可以提神醒脑，保持充沛的精力。

⚠特别提醒

青少年喝茶不宜过浓过量，不要在晚上喝，以免影响睡眠。

青壮年期（18~40 岁）：选自己喜欢的就好

18~40 岁这个阶段，人的身体健壮，精力旺盛，身体抵抗力强，只要体质允许，各种茶类都适宜饮用，所以选择自己喜欢的茶就可以了。

如果是酒宴聚餐活动多，可以多喝白茶和黑茶，白茶可以清火，黑茶可以助消化、解油腻。整日使用电脑的上班族，可以多喝绿茶，不仅有提神的作用，还能帮助对抗辐射。

中老年期（40~60 岁）：绿茶、红茶、黑茶，提升机能助排毒

人到 40 岁以后，身体机能逐渐退化，易出现肠胃不适、肝肾等器官功能下降的问题，体内有毒素沉积，这个阶段喝茶应多选绿茶、红茶、黑茶。

绿茶富含多酚类物质，可以抗氧化，延缓身体机能减退，但身体虚寒、肠胃病患者慎饮。

红茶茶性温和，尤其适合身体较为虚弱、手脚怕冷的女性饮用。

黑茶经过后发酵，其中的有益微生物能帮助肠道解油腻、促消化，还有一定的辅助排毒作用，同时也能预防心脑血管疾病。

体虚者应尽量选择性质温和的红茶、黑茶，淡饮、温饮，不过量。

老年期（60 岁以后）：温和的老茶对肠胃刺激小

进入老年阶段，身体承受能力变弱，消化系统活力下降，需要做一些针对性的保护，最适合饮用红茶和泡饮一些老黑茶、老白茶。

老年人饮茶也要淡饮，不可太浓，吃过晚饭后要少饮。

以上建议是根据茶性和身体特征作匹配，实际生活中可按个人状况和生活习惯喝茶。只要身体适应、舒服就好。

儿童到底能不能喝茶

茶是一种比较温和的饮品，一般来说，除了婴幼儿，各类人群都可以饮用。对于儿童来说，喝茶远比喝其他饮料更为有益。喝茶本身是一种修炼，引导儿童从小喝茶，能让儿童安静与专注，可以培养风度和气质，建立和提升审美能力。

伤脾胃的担心是多余的

认为儿童不宜喝茶的理由，主要是茶的刺激性大，怕伤儿童的脾胃。其实，这种担心是多余的。目前没有明确的数据显示喝茶对儿童有害。

很多有饮茶习惯的地区，如广东的潮汕，不管男女老少，人人都饮茶，很多小孩断奶之后就会跟着大人喝茶，并未见对其身体造成危害。

儿童喝茶的好处

抗辐射污染

电子设备的普及，使很多儿童接触电子屏幕的时间不断加长，电磁辐射对身体的危害也随之加大。茶叶中的茶多酚和茶多糖有清除辐射产生的自由基的作用，经常喝茶，可以减少辐射带来的伤害。

喝茶能促进消化、增进食欲

儿童对饥饱的感知能力较弱，往往比较贪食，过饱现象时常发生，适当喝茶能加强其胃肠蠕动，促进消化液分泌，避免积食，减轻腹部饱胀不适。

茶中的微量元素有益儿童健康

微量元素是构成人体骨骼、牙齿、毛发、指甲等不可缺少的组成成分。茶叶中氟含量比其他植物要高，适量饮茶不仅可以强化骨骼，还能预防龋齿。

儿童该怎么喝茶

儿童喝茶，选择绿茶、红茶、乌龙茶、花茶等均可，但要注意以下三点：

一是年龄偏小（6 岁以下）的儿童身体发育还不成熟，对茶中促进新陈代谢的物质承受能力弱，不能过量饮茶。

二是不能喝浓茶。茶过浓，会使儿童过度兴奋，心跳加快，小便次数增多，并引起失眠，还可能引起肠胃不适。

三是把握好量。儿童喝茶每天 3 克以内的投茶量为宜，尽量在白天饮用，茶水要偏淡并温饮，可以按大人喝茶的浓度，掺入一半的温开水。

女性喝茶，要注意几个特殊时期

对女性来说，喝茶是一种很好的修养方式。经常喝茶的女性懂得如何欣赏茶、品味茶，大多会有很好的修养和内涵，谈吐优雅，品位不俗，气质高雅端庄。喝茶可以令女性懂得如何淡然地享受生活。

喝茶也是女性长葆青春活力、对抗衰老的一大法宝。茶含有丰富的抗氧化物质，能提高人体的新陈代谢，淡化色素，使皮肤更白皙、光滑。茶的去脂消食作用，可以帮助女性减肥瘦身。

但是，由于女性有着特殊的生理特点，在茶的选择和喝茶方式上一定要照顾到当下身体的状况。总的来说，经期、孕期和哺乳期要少喝茶，更年期可根据身体情况而定。这样才能让喝茶发挥最好的养身养心效果。

| 女性喝茶要根据生理期特点选择 |

经期少喝茶，以免加重紧张情绪

未发酵或轻发酵的茶类，性质偏凉，女性普遍身体偏寒凉，喝性凉的茶会加重体寒。可以选择红茶、普洱茶等全发酵茶。

即使是全发酵的茶，也含有茶多酚、咖啡碱等，有一定的刺激性，容易加重经期的紧张情绪，所以也要适量。

喝茶会导致贫血吗

一直以来有观点认为，茶中的“鞣酸”会与肠道中的铁发生沉淀反应，喝茶会影响铁的吸收，甚至导致贫血。其实这种说法并不科学。目前并未发现喝茶会带来铁、钙等矿物质缺乏的问题。喜爱饮茶的地区，如福建和广东，贫血发生率相比其他地区并不高。

摄入红茶提取物或喝浓茶确实可能降低铁的吸收率。不过，如果喝的茶不是特别浓，并不会影响到铁的吸收。只有把铁补充剂放在茶水里一起饮用，或是把富含铁的食物和茶一起食用时，才会出现铁吸收率降低的问题。

而且，除非是边吃饭边喝茶，否则茶完全不会影响铁在肠道中的吸收，只有在茶多酚直接遇到铁时，才会与铁形成复合物，降低铁的吸收率。

孕期喝浓茶会加重心肾负担

孕期母体较为敏感，不宜饮用浓茶，因为浓茶中咖啡碱浓度较高，会加剧孕妇的排尿和心跳，增加孕妇的心、肾负担，不利于孕妇和胎儿健康。

由于各人体质不同，特别是有特殊孕期反应的女性，能否喝茶还是要咨询医生为宜。

另外，临产期也不宜多喝茶。喝茶过多会引起失眠，造成休息不足、心情焦虑。

哺乳期喝茶可能刺激宝宝身体

哺乳期母体的状况会直接影响宝宝的健康。这一期间还是要少喝茶为宜，因为茶中的多酚类物质被黏膜吸收进入血液循环，便会产生收敛和抑制乳腺分泌的作用，造成奶汁分泌不足。且茶中的一些物质会通过哺乳进入宝宝体内，可能会刺激宝宝。

更年期喝不喝茶要看身体的反应

女性在四十五岁左右开始进入更年期，此时除了头晕、乏力，有时还会出现心动过速，易感情冲动，出现睡眠不足、月经功能紊乱等症状。如过量饮茶会加重这些症状，不利于身体平稳和情绪舒畅。当然，也需要依人而定，如果是喜欢喝茶，喝茶后感到身心舒畅，反而会缓解更年期的症状。

此外，无论是什么人群，无论想要达成怎样的养生目的，遵循四季与时辰的规律，按体质和茶性来喝茶都是首先要考虑的。

多喝熟茶，少喝生茶

除了要考虑生理阶段的不同特点，对于茶的选择也要把握一个原则，那就是敏感体质多喝发酵茶、少喝不发酵茶。生普和熟普去油解腻的效果差不多。但年份短的生茶并不适合所有人，尤其不适宜体寒、体弱的人，所以女性可以多喝熟茶。

熟茶刺激性低，喝着可以暖胃，还可以加入各种佐料，如陈皮、红枣等一起煮饮，既好喝又保健。

另外，经过正确存放的老茶和新茶也存在上述区别，可以选择老茶。

女性喝茶，几个特殊时期要注意

喝茶“伤胃”还是“养胃”

很多人觉得喝茶伤胃，胃不好的人更不能喝茶。其实这是一种误解，肠胃功能正常和肠胃功能稍弱的人，只要掌握了正确的喝茶方法，并选择合适的茶类，是不会伤胃的。患有严重胃病，经医生诊断不能喝茶的人除外。

“刺激”并不都是坏事

茶对胃会造成一定“刺激”，这个“刺激”也不全是坏事。茶中的生物碱能刺激胃液分泌，促进消化，增进食欲。比如进食了油腻食物后，常出现胃胀、恶心等症状。而饭后半小时饮杯茶，胃部就会感到舒畅。原因就是茶汤中的成分促进了消化，缓解了胃部不适。

胃不好的人怎么喝茶

肠胃功能弱的人，需要选择性地喝茶。

不喝或少喝绿茶和生普

绿茶属于不发酵茶，多酚类物质含量高，生普的原料是大叶种，内含物质丰富。且这两者茶性偏凉，饮这类茶饿得快，甚至容易出现“醉茶”。绿茶本身不伤胃脾，但对消化不利，脾虚者喝多了会导致消瘦、面色差、食欲缺乏、腹泻。

选择红茶、熟普、老茶等更为温和的茶

这些茶发酵程度较高，茶性更加温和，喝起来肠胃更容易接受，同样也适合老人和小孩。

饭后喝茶

茶可以解油腻、助消化。胃不好的人，吃多了肉、蛋、奶等食物后，会产生饱闷感，也会感到口渴。饭后喝茶，可使茶汁与脂肪类食物形成乳浊液，促进胃内食物排空，使胃部舒畅。

小知识

红茶能养胃吗

红茶是经过发酵的茶，刺激性物质降低了很多，因此茶性非常温和，对胃没有什么伤害。但要说红茶中有什么“养胃”物质，目前还没有任何研究结果可以证实。脾胃虚弱的人，又想喝点茶，可以选择红茶、熟普这类深度发酵的茶。但是也不能依靠茶来养胃护胃。

避免伤胃，喝茶方法要对

伤胃大多是长期不正确的饮食习惯造成的。再好的茶，喝不对也会伤胃。以下几种错误的喝茶方式，一定要避免。

空腹喝茶

有的人习惯早上起来先喝茶，然而空腹喝茶很容易刺激肠胃。广东人喝早茶，都是要配点心。我们平时喝茶，可以准备一些茶点如饼干、蜜饯等，可以避免“醉茶”，也是缓解胃部刺激的好方法。

长期喝浓茶

喝惯了浓茶的人，再喝淡茶就会觉得不够味。浓茶里面浸出的各种成分比较高，不仅对胃不好，还可能会促使心跳加速。泡茶的茶水比应控制在 1: 50 左右为宜，不宜长久浸泡。

喝茶太杂

短时间内连续喝好几种不同的茶，胃很难适应。

茶过冷或过热

喝茶要温度适宜，就像喝水一样，喝温水肚子是最舒服的。尤其是性凉的茶类，喝冷茶会加重凉性。而过烫的茶对口腔、食道和胃部都会造成损伤，以入口不烫为宜。

| 饭前空腹不饮茶，避免伤胃 |

“醉茶”是怎么回事

喝酒会醉，喝茶同样会醉。醉茶时，浑身无力，头冒虚汗，胃中翻江倒海却又吐不出来，严重时还会口角流沫。

为什么会醉茶

造成醉茶的“祸首”是茶中的咖啡碱。咖啡碱虽然是让人兴奋的物质，但过量摄入就会起反作用，由“兴奋”转为“抑制”，因此醉茶时会出现头晕眼花、注意力不集中的现象。

此外，茶中有多种降压、降血脂的活性成分，摄入过多会让代谢加快，出现低血糖的情况。因此醉茶时人会手脚无力，感觉很虚弱，严重时甚至拿杯子都会发抖。

哪些情况容易引起醉茶

醉茶最大的原因就是喝茶过多，尤其是处于饥饿状态时，这时最直接的缓解方法就是吃些甜点，或者是淀粉、糖分含量高的食物。

此外，下面三种情况也容易导致醉茶：

一是平日很少喝茶的人，稍微多喝就可能过量而醉，这与耐受程度有关。

二是平日喝高发酵的熟茶，如红茶、台湾乌龙茶、陈年老茶等茶性相对温的茶，突然改喝低发酵或不发酵的茶，如绿茶或生普茶时，又喝得过量，就容易醉茶。

三是喝现炒的茶容易醉茶。现炒的茶比较燥热，对人体刺激性大，容易使人产生醉茶现象。

如何防止醉茶

防止醉茶需要注意以下三个方面：

一是饮茶不宜过浓，特别是初喝茶的人，以清淡为宜。

二是饮茶不宜过多。一次性喝一款茶冲 5 泡或以上，就稍作休息，吃点东西，稍微消化一会儿再喝。如果连续饮茶，很容易醉茶。

三是不要空腹饮茶。空腹时喝茶，茶水会冲淡胃液，降低消化功能，而且刺激肠胃，让人产生不适。喝茶前先吃点食物，半小时后再喝茶，喝茶期间也可以吃些花生、饼干、坚果、点心等。

当发现自己有醉茶苗头时，赶紧吃点甜食，就可以大大缓解直至消除不适症状。

喝茶真的能解酒吗

每当有人喝醉酒的时候，总会有人提出几个解酒妙招，喝茶解酒必定是备选方案之一。其实，用茶解酒是一种牺牲身体健康、有代价的解酒方式。

喝茶解酒伤心肾

认为喝茶可以解酒，主要理由是茶有利尿作用，有助于醒酒和解除酒精毒害，使毒素从尿中排出体外。

关于利尿作用这一点，茶水确实有效，但对于酒后的身体来说，却是不利的。酒后，酒中乙醇本应该通过胃肠道进入血液，在肝脏中转化为乙醛，乙醛再转化为乙酸，乙酸再分解成二氧化碳和水。而酒后饮茶，茶中的生物碱可迅速对肾起到利尿作用，从而促进尚未分解的乙醛过早地进入肾脏，会增加肾脏负担。

医学研究还表明，酒精对心血管有很大的刺激性，特别是浓茶中茶碱和咖啡碱同样具有兴奋心脏的作用，二者相结合，更增加了对心脏的刺激，这对心脏功能欠佳的人是很不利的。

其实，关于喝茶是否解酒，古人早有论述。李时珍在《本草纲目》中就对酒后饮茶的危害做了具体的表述："酒，天之美禄，少饮则和血行气，壮神御寒，消愁遣兴；痛饮则伤神耗血，损胃亡精，生痰动火……酒后饮茶伤肾，腰腿坠重，膀胱冷痛，兼患痰饮水肿，消渴挛痛之疾。"可以看出，饮茶并不能解酒毒，还会伤身体。

醒酒并不能解酒

很多人会说，古书中就说茶能醒酒啊，你怎么说有危害呢？的确，我们查到不少这方面的资料，比如《答白乐天书》中就有"六班茶二囊以醒酒"，《广雅》中也提到"其饮醒酒，令人不眠"，《吃茶养生记》中说"饮茶少眠、醒酒、提神、解乏、利尿"。茶确实能醒酒，但醒酒和解酒并不是一回事。因为茶有利尿、提神的作用，能促使醉酒之人清醒，但精神醒过来了，酒精对身体的危害并没有停止，这不是真正的解酒。

避免酒伤身体，最简单的办法莫过于不过度饮酒，与其醉酒后想尽办法来解酒，不如举起茶杯，以茶代酒，收获健康的同时，还能愉悦心情。

喝茶到底能不能减肥

先说一个有趣的现象，无论你是去茶山还是茶叶店，都很少见到体形肥胖的人，好像爱喝茶的人都比较苗条。虽然没有明确的科学研究表明“喝茶一定会瘦”，但是爱喝茶的人确实不容易肥胖。

茶叶与减肥的关系

《本草拾遗》中提到茶的一个功效：“久食令人瘦，去人脂。”说明在古代就有喝茶可以使人变瘦的说法。很多人也是因此才有喝茶能减肥的概念。

从现代科学的角度看，茶叶中的部分化合物可以有效促进肠道蠕动，帮助消化食物。也就是说，喝茶能缓解吃撑了的感觉，让人感觉给肠胃“刮油”了，但是单纯性的助消化和减肥之间没有必然的联系。

茶能让人保持好身材，大概跟茶叶中含有咖啡碱、茶多酚等生物碱，以及多种矿物成分有关。咖啡碱能增强身体消耗多余脂肪的能力，茶多酚则可以帮助分解和消化脂肪，矿物质能刺激胰脏脂肪分解酵素的活性，减少脂肪类和糖类食物被吸收。从这些层面上来讲，的确是起到了消脂减肥的作用。但这种减肥减的主要是针对血脂和消化道油脂，对皮下脂肪却无可奈何。

尽管如此，我们还是必须认清，只喝茶是不能减肥的，喝茶对减肥只有辅助作用。茶相比于一些含糖饮料，其热量是很低的，所以对于想要减肥的人来说，用茶水代替以前常喝的含糖饮料，是非常明智的选择。

怎样喝茶才有助于减肥

即便是喝茶有助于减肥，但也需要喝对才行。首先是要注意喝茶的时间，最好在饭后 1 小时左右喝茶，此时喝茶可以帮助消化。若是饭前喝茶，疏通了肠胃，吃饭时胃口大开，恐怕就更容易肥胖了。

茶帮助肠道消化食物后，容易产生饥饿感，有些人控制不住，爱吃零食，不知不觉间摄入了大量的热量，也容易肥胖。

茶的故事

品牌馆

“茶的故事”是中国茶行业第一自媒体平台，创作最对茶友们胃口的文章，推出多篇10w+爆文，原创内容被“十点读书”“一星期一本书”“槽值”“爱奇旅”“国学文化”“温书先生”等自媒体大号纷纷转载。

平台实力

- 央视大型纪录片《茶，一片树叶的故事》媒体支持机构。
- 持续保持茶行业粉丝规模第一的公众号，新榜中国微信公众号500强。
- 国家级高新技术企业，广州市科技创新委员会认证企业研发机构。
- 发起成立中国茶业商学院。

万里茶路

七年来，“茶的故事”团队足迹几乎遍布中国所有茶区，深入产区了解茶行业第一手资讯，传递最真实的茶山情况。

用心挑茶

经过“茶的故事”严选准入机制、茶叶检验合格、品质过关、食品卫生安全、口感更佳、性价比更高的产品，才能呈现到您的面前。

响亮口碑

坚持以茶友的口碑至上为原则，茶友说好才是真的好。在 2019 年的大数据调查中，茶友们对“茶的故事”整体表现出极高的满意度。

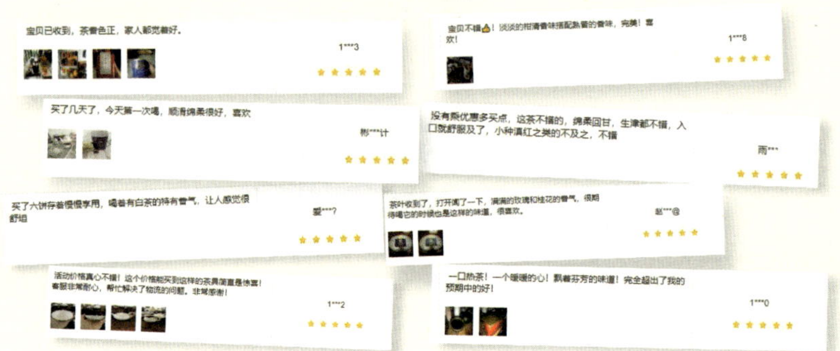

强强联手

品牌代表专注和价值，也更加规范和放心。“茶的故事”精选茶行业各茶类及相关的专业品牌，分享它们的高品质产品，让您选择更方便，买茶更安心。

品牌目录

西湖龙井、安吉白茶推荐品牌 4
碧螺春推荐品牌 5
太平猴魁、六安瓜片推荐品牌 6
信阳毛尖推荐品牌 6
黄山毛峰推荐品牌 7
福鼎白茶推荐品牌 8
君山银针推荐品牌 9
大红袍推荐品牌 9
铁观音推荐品牌 11
凤凰单丛推荐品牌 12
台湾高山乌龙、东方美人推荐品牌 ...13
正山小种、金骏眉推荐品牌 13
滇红推荐品牌 15
祁门红茶推荐品牌 16
英德红茶推荐品牌 17
安化黑茶推荐品牌 18
普洱茶推荐品牌 19
六堡茶推荐品牌 20
柑普茶推荐品牌 21
茉莉花茶推荐品牌 22
茶具推荐品牌 23
香道推荐品牌 24

西湖龙井、安吉白茶推荐品牌

龙冠 一杯龙冠茶，半部龙井史

杭州龙冠实业有限公司是联想控股旗下佳沃集团与中国农业科学院茶叶研究所的混合所有制企业，致力于为用户提供“安全、高品质”的真正好茶。主营产品龙冠龙井茶是 G20 杭州峰会的官方指定产品，作为中国元素、杭州名片，被选定为“习奥会”西湖会谈的茶饮，也是“一带一路”国际合作高峰论坛、金砖国家部长级会议、世界互联网大会等世界级盛会的指定用茶。龙冠用匠心一次次为世界献上了属于杭州的独特茶香。

代表产品：龙冠龙井。

狮峰 珍品龙井，源自狮峰

浙茶集团旗下高端龙井品牌。集团始于 1950 年，建有茶园基地 20 多万亩，茶叶加工厂 20 家，是农业产业化国家重点企业，龙井茶标准参制者，茶叶出口 60 多国，28 年保持茶叶出口量全国领先，绿茶出口全球前列。“狮峰”，以优质产地狮峰山命名，彰显“珍品龙井，源自狮峰”的品牌价值。

代表产品：西湖龙井。

贡牌 源于龙井村

杭州西湖龙井茶叶有限公司成立于 1984 年，坐落于西子湖畔西侧、龙井村狮峰山脚下。公司以“传承传统技艺，保护文化品牌”为宗旨，生产的“贡”牌西湖龙井茶是国家外事用茶、省知名品牌、上海世博会联合馆专用茶和 G20 杭州峰会会议用茶，曾荣获国家、省部、市级金奖等荣誉称号 100 余项。

代表产品：西湖龙井、安吉白茶。

| 碧螺春推荐品牌 |

碧螺 始于 1953 年

碧螺牌为中华老字号，创立于 1953 年（原名吴县茶厂），是当时唯一一家生产销售碧螺春茶的国营企业。1991 年 1 月 28 日，吴县茶厂注册了“碧螺牌”茶叶商标，2000 年转制更名为苏州市东山茶厂，其厂址位于碧螺春国家原产地保护区的苏州市洞庭东山半岛，生产碧螺春茶叶历史渊源雄厚，值得信赖。

代表产品：碧螺春、碧螺红茶、碧螺茉莉花茶。

太平猴魁、六安瓜片推荐品牌

徽六 老字号瓜片，喝徽六

安徽省六安瓜片茶业股份有限公司是经省政府批准的省级农业产业化龙头企业，主要从事六安瓜片茶叶种植、加工、销售、科研、茶文化传播。公司积极与中国农业科学院茶叶研究所、安徽农业大学茶与食品科技学院建立合作关系，致力于“六安瓜片”科研开发、生产加工、物流商贸、茶文化研究与推广，深化产学研紧密合作关系，共同推进六安瓜片茶产业壮大发展。

代表产品：潜香六安瓜片、寻味太平猴魁。

信阳毛尖推荐品牌

蓝天茗茶 生态好 茶才好

为传承信阳净居寺茶文化，河南蓝天茶业有限公司于2003创立。公司投资建设茶园2.7万亩，拥有现代化茶叶加工厂，多条先进的茶叶生产线，先后荣获“茶王”“百年世博金骆驼奖”等荣誉，是信阳毛尖茶代表性生产企业、河南省农业产业化重点龙头企业、中国百强茶企，在茶业界享有较高的知名度与美誉度。

代表产品：信阳毛尖、信阳红。

黄山毛峰推荐品牌

谢裕大 六代人 一杯茶

谢裕大是坚守只选核心产区鲜叶制茶的中华老字号品牌，倡导消费者通过负责任的消费选择，享受纯正、健康的茶饮方式。产品来自坚持以全产业链、自然、可持续方式进行种植和生产，国家核心产区认证的茶园，并通过雨林联盟认证，茶叶成品精选自海拔600~800m的高山原叶，纯净、鲜爽、回甘韵足。

代表产品：黄山毛峰、祁门红茶、六安瓜片、太平猴魁。

老谢家茶 历经49代经典技艺传承

49代经典传承，1400年历史沉淀，国家级非遗大师谢四十监制。

坚持核心原产地——黄山徽州富溪；坚守传统老工艺——三炒三揉三烘，给您一杯千年老口感。

代表产品：黄山毛峰、祁门红茶、太平猴魁、黄山贡菊、茉莉云雾茶。

福鼎白茶推荐品牌

广林福 专注陈香老白茶

正宗：源自核心原产地太姥山古茶园，发源地海拔600米以上高山白茶园。经典：原国营白茶厂，63年精益求精，陈香型白茶典范。陈香：5000平方米白茶仓，专注老白茶，核心陈香味。创新：开创白茶无尘车间，全程不落地白茶生产设备，欧盟卫生标准。

代表产品：福鼎白茶。

太元福白茶

顺应天时的匠心文化，顺物自然的雕琢复朴

优选福鼎白茶核心产区之一，位于世界地质公园福建福鼎太姥山“后花园”的磻溪镇高山白茶。自然晾晒，文火慢焙，留住自带花香。坚持质量安全：太元福厂房经过严格的质量安全认证，每一批茶叶都有合格的质检报告。以专业的传统手艺，做专而不装的生活好茶。

代表产品：六星白牡丹、日晒白茶贡眉。

益品惠丰 做核心产区的亲民好茶

益：喝茶有益身心健康，好处多多！品：品茗谈天地，人生就是在品茶中思索，在品茶中感悟，在品茶中成长。惠：为您提供优质而实惠的茶叶。丰：丰富的产品线，总有一款产品适合您！

代表产品：福鼎白茶。

君山银针推荐品牌

君山 诚信为君、品质如山

湖南省君山银针茶业股份有限公司是集茶叶科研、种植、加工、销售、茶文化传播和旅游于一体的省级农业产业化龙头企业。公司核心产品“君山银针”是中国十大名茶，多次作为国礼赠送外国领导人。

为进一步营造产品与经营模式多元化发展的优势，公司着手将君山岛的旅游资源与君山黄茶产业联动，打造“中国黄茶之乡”新名片，实现茶旅融合，推动黄茶产业可持续发展。

代表产品：君山银针。

大红袍推荐品牌

海堤 喝岩茶，选海堤

厦门茶叶进出口有限公司为世界500强中粮集团旗下中国茶叶股份有限公司全资的国有企业。创立于1954年，生产产品涵盖6大茶类150多个品种。“海堤”牌是中茶厦门公司系列产品的注册商标，已有半个多世纪的历史。“海堤”已获得“中华老字号”“福建省名牌产品”“福建省著名商标”等众多荣誉，茶叶出口全球59个国家和地区，深受国内外消费者的拥戴。

代表产品：大红袍、老枞水仙。

曦瓜 规·矩武夷茶

香江茶业旗下品牌。武夷山香江茶业有限公司是集茶叶种植、生产、销售、科研、茶文化传播与茶产业生态文化旅游为一体的农业产业化省级重点龙头企业，以“让世界分享武夷茶”为使命，通过“茶旅结合、茶旅互促”的运营模式，全力推进武夷山茶产业向专业化、标准化、规模化发展。未来，香江的茶将出其不意地出现在每一个大众的身边，融入和渗透到每个人的生活。

代表产品：曦瓜壹号大红袍。

茶杯茶语 你喜欢的，就是大师作

茶杯茶语是中闽洋山实业的年轻化，街坊化新品牌，坚持原生、原产、原香、原味的制茶宗旨。主要面对线上及线下社区邻里等购茶人群，真正做到茶园到茶客的平价优质放心好茶。现有福建福安洋山红茶园、武夷山竹坑岩茶园、太姥山太姥洋村白茶园三个茶叶原产地茶园。

代表产品：福鼎白茶、武夷山竹坑岩茶、洋山红茶。

铁观音推荐品牌

八马茶业 高端茗茶连锁品牌

八马茶业是中国高端茗茶连锁品牌，公司董事长王文礼为国家级非物质文化遗产铁观音制作技艺代表性传承人。公司以弘扬中国茶文化、“让天下人享受茶的健康与快乐”为使命，为消费者提供高品质的产品和服务体验。

代表产品：赛珍珠系列、铁韵系列、东湖之光系列。

绿腾 绿腾生态茶，健康赢天下

绿腾生态名茶创立于2000年，是一家集生态茶叶种植、生产、研发、销售、茶文化传播为一体的综合性企业。绿腾生产的茶叶以生态无公害著称，拥有纯生态茶园基地并配套建设相应的生态养殖场，保证有机肥料的供给；同时，公司还将茶叶加工厂直接建在茶山上，实现了茶叶采摘后所有制作流程全部在茶园里加工完成，确保茶叶符合无公害铁观音标准。

代表产品：安溪无公害铁观音。

凤凰单丛推荐品牌

空船 茶农自用好茶

空船是国内首次提出“茶农自用好茶”概念的茶叶品牌。致力于把“茶农餐桌上的自用好茶”带给大众。品牌来自潮州凤凰山，是茶农世家，自有位于凤凰山海拔 750~1100 米的茶园 300 余亩，只出产高山珍品。空船单丛所有茶叶经过英国皇家（UKAS）检测及上海 ICAS 检测的认可，品牌至今推出了多款凤凰单丛系列产品，获得用户深度好评。

代表产品：单丛（鸭屎香、蜜兰香、雪片、宋种、水仙等）。

天池 来自火山口的茶

广东天池茶业股份有限公司成立于 2002 年，是一家集高山有机单丛茶种植、科研、加工、销售、工夫茶文化体验和品牌运营为一体的现代化农业股份制企业。2016 年公司正式在新三板挂牌上市，成为单丛茶第一家上市茶企。（股票代码：837681）

公司拥有目前规模较大的有机单丛茶生产种植基地，位于潮州凤凰乌岽山（单丛茶核心产区）1000 米以上，是广东省凤凰单丛茶有机茶标准化示范区。

代表产品：高山有机单丛茶。

台湾高山乌龙、东方美人推荐品牌

十分春 原味，是好的品味

十分春于 2012 年成立，公司总部在台湾，主营台湾乌龙茶，其中包含袋泡茶、经典风味台湾茶、精品高山茶。我们旨在分享原味的好茶给更多的人，让喝茶不再单单是为了止渴，而是享受饮茶的过程，从而倡导一种修身养性、健康积极的生活方式。

代表产品：冻顶乌龙茶、阿里山乌龙茶、梨山乌龙茶。

正山小种、金骏眉推荐品牌

正山堂

从红茶诞生到金骏眉创始，正山堂，传承红茶四百年

作为正山小种红茶传承者和复兴者，金骏眉创始企业，正山堂传承红茶四百多年，是正山小种国家标准、金骏眉行业标准和骏眉红茶团体标准制定者，在中国茶企中具备相当的品牌实力。正山堂专注精耕红茶，凭借卓越的产品品质，多次助力大国盛事。

代表产品：正山小种、金骏眉、骏眉中国。其中金骏眉作为王牌产品，以“清、香、甘”的品质特征，受到广大消费者的喜爱。

关坪 源自正山的好红茶

武夷山市关坪茶业有限公司坐落于世界红茶发源地——武夷山，桐木村。公司成立于2010年，拥有原生态茶园100余亩。制茶老师傅有着50余年的制作技艺经验，公司秉着“秉承传统，不断创新”的理念前行，所生产的红茶受到业界人士一致好评，在历届权威比赛中多次荣获奖项。

代表产品：金骏眉、正山小种、正山老枞、花香赤甘。

归岭 核心产区，自然农法，祖传工艺

归岭始于1933年，专注私家茶，隶属于福建叶氏茶业家族，在中国大陆和东南亚地区拥有2652亩生态茶园和3000多棵原生高山野茶树。公司始终坚持三大品质保障：坚持核心产区、坚持自然农法私家茶园、坚持家传古法手工秘制工艺。掌柜亲制红颜笑和花香小种于2016年荣获“国际茶联金奖”。

代表产品：红颜笑、花香小种。

滇红推荐品牌

65里林间茶®
Tea in Trees

65 里林间茶　一杯茶喝出一片森林

这是源自云南边境小镇沧源的有机茶品牌，致力于为爱茶人提供安全好喝的有机茶产品。优质的自然环境，给茶叶带来了纯净的口感和丰富的风味特点。15000 亩有机茶园与山林共生，与百兽为伍，已经通过中美日欧有机认证及雨林联盟可持续农业认证。

代表产品：有机红茶、有机白茶、桂花花茶、玫瑰红茶。

凤牌红茶　高山云雾出好茶

1939 年，第一批滇红 500 担试制成功，先用竹编茶笼装从云南运到香港，再改用木箱铝罐包装投入市场。从此，滇红茶创制，定名“滇红”，“滇红”名茶的名号也随即打响。1958 年，凤庆茶厂采用凤庆大叶种鲜叶原料，精湛加工，制作出超级工夫红茶，在英国伦敦市场拍卖，创国际市场最高价。20 世纪 80 年代，在杨仕宏老厂长等老一辈滇红人的努力下，滇红茶迎来了自己的第一个品牌——凤牌红茶。

代表产品：滇红（云南红茶）。

凤宁号　滇红世家，一味相承

是一家集基地种植、生产加工、销售一体化的滇红茶企业，主营凤庆原产地高品质滇红生产、有机红茶原料供应、名山古树红茶生产、野生古树红茶开发等。

代表产品：高原红有机滇红茶、经典 58、中国红、野韵古树红。

祁门红茶推荐品牌

润思祁红

润思祁红 源自 1951 年，没有断代的祁红味道

润思祁红成立于 1951 年 4 月，前身是中国茶叶公司贵池茶厂，与云南省勐海茶厂、下关茶厂同宗同源，出口英法美等 30 多个国家 69 年。老建筑中一直沿袭下来，被老辈人称为“祁门香”的特有风味，在整个祁红行业中也是少见还原度极高的风味，因此被专家学者称为“祁红没有断代的味道”。2009 年入选上海世博会“中国世博十大名茶”，成为祁门红茶的标志性品牌。

代表产品：祁门红茶、太平猴魁、黄山毛峰。

天之红 中国红，天之红

祁门红茶非物质文化遗产传承单位，祁门红茶核心领导品牌，祁门红茶协会会长单位。拥有发源地祁门县历口镇核心区域茶园，祁门红茶制作技艺超群出众。连续 8 年欧盟有机认证茶园，秉持一年一季的采摘要求。2010 上海世博会参展单位。2015 年米兰世博会中国馆指定用茶品牌，核心领导力，尽在天之红。

代表产品：祁门红茶。

国畅 国畅红茶，六十年匠心如一

国畅是一家专注培育英红九号，由种植、生产到品牌销售的省龙头企业。从祖辈传承下来坚持生态种植、有机培育和泉水灌溉，科学田间管理制度；现拥有1000多亩有机茶园和20000多平方加工厂房，拥有传统设备生产线和全自动红茶生产线，茶叶年生产能力达200吨以上；产品一直深受广大茶友喜爱。

代表产品：英红九号、金萱英德红茶。

怡品茗 中国高浓香红茶，品味．经久未变

怡品茗是集茶叶种植、研发、加工及销售为一体的综合性茶叶企业，是广东十大名牌产品企业。拥有保存完好的原生态老茶园，至今保持原生态种植管理。怡品茗长期以来始终坚守自然农业法则、传统工艺，生产加工出红茶上品。品味．经久未变，始终以打造高品质红茶、锻造中国红茶世界级品牌为目标，不断为之努力！

代表产品：英红九号、英德红茶。

安化黑茶推荐品牌

白沙溪 黑茶之源，遍流九州

专业生产安化黑茶 80 余年，其中千两茶、茯砖茶制作技艺被列入国家非物质文化遗产。

白沙溪恪守“精诚携手、共赢天下”的营销理念，坚持互利双赢的原则，以形象店、专卖店、专柜为推广基础的主流营销模式，在全国建立销售分公司 3 家，营销中心 6 家，营销网点 3000 多家，营销网络遍及全国。近年来，公司发展迅速，2017 年跻身中国茶叶行业综合实力前 30 强。

代表产品：千两茶、茯砖茶。

千秋界 心无疆，行有界

湖南省千秋界茶业有限公司创立于 1999 年，是一家集茶叶科研、有机茶园基地建设、生产、加工、销售于一体的现代化茶叶企业，在安化首创茶庄园模式；益阳市农业产业化龙头企业，安化县目前唯一家取得中国、欧盟有机双认证的茶企业。

代表产品：千秋茯、千两饼。

普洱茶推荐品牌

福今　品质传承，实力见证

福今茶厂成立于 2005 年，是“班章大白菜”普洱茶的创始者。凭籍多年的制茶经验和不断创新的精神，一直潜心专注生产高品质的普洱茶产品，所有茶产品特别选用云南西双版纳勐海高山茶区，原生态乔木大叶种正春茶为原料，采用传统的加工工艺，经高温蒸压精制而成。

多年来制作出“精品”“特制”“珍藏”“茶王”等一系列普洱生/熟茶，深受社会各界人士喜爱。

代表产品：班章大白菜系列、孔雀星级系列。

老同志

传承匠心精神用心做好茶，坚持一辈子只做一件茶事

老同志普洱茶是云南海湾茶业公司旗下品牌，由普洱茶业界泰斗邹炳良和卢国龄先生共同创建，是云南省名牌战略推进委员会评选出的云南名牌产品之一，“老同志”普洱茶自打入市场以来，产品质量稳定，市场占有率不断扩大，并连续 3 年被中国食品安全年会选为指定礼品茶，多次获得普洱茶行业评比“金奖”“银奖”“茶王”等殊荣。

代表产品：普洱茶。

龙润茶Tea

龙润茶 用制药的经验制茶

龙润茶建立独有的质量体系，用制药的经验制茶，拥有61年制茶历史，以高精准的设备，严格把关茶叶产前、产中、产后的86道质量关，恪守严谨，确保茶的品质多年来稳定统一。

代表产品：816普洱生茶、826普洱熟茶。

传统技艺 实在好茶

TRADITIONAL SKILLS MAKE REALLY GOOD TEA

佤山映象 传统技艺，实在好茶

佤山映象品牌成立于2004年，是云南普洱熟茶的代表品牌，作为云南省普洱茶出口领先企业，其生产的普洱茶具有陈醇糯滑的传统质感。秉承“传统技艺·实在好茶”的理念，在熟茶工艺传承人谭梅老师的带领下，坚持和发扬普洱茶传统发酵技艺，创造了一款款经典畅销产品。

代表产品：7581、谭梅茶砖等。

六堡茶推荐品牌

茂圣六堡茶 干净仓储，清爽好茶

广西梧州茂圣茶业有限公司是广西农业产业化重点龙头企业，中国六堡茶领军品牌。为确保茶叶的安全卫生、绿色环保及生产原料的稳定性和地域性，公司从成立之日起就打造当地丰富的、纯天然的优质茶叶原料基地。目前，茂圣公司共有8个茶园，面积超过18000亩，其中2000亩生态茶园已获得中国有机认证和欧盟有机出口认证。

代表产品：茂圣六堡茶。

柑普茶推荐品牌

大泗洲陈皮 你身边的有机陈皮种植专家

大泗洲陈皮有限公司成立于 2016 年，位于广东省江门市新会区三江镇，具有连片 600 亩的新会柑种植基地。公司倡导有机生活理念，目前是陈皮村柑桔种植专业合作社首家已获得有机认证的企业。大泗洲柑园管理严格按照国家有机种植标准执行，坚持物理防虫，人工除草，并使用有机肥料保证柑果品质。未来大泗洲致力打造成为集有机食材、体验娱乐、柑树众筹于一身的新会陈皮庄园体验新模式。

代表产品：新会陈皮，新会柑普茶。

益柑柠 专注核心产区，生晒陈皮普洱

江门市芸香柑柠陈皮茶业有限公司是一家集种植、研发、加工柑普茶（陈皮）、营销为一体的综合性企业；现拥有位于新会柑桔核心产区西甲陈屋围果园面积 680 亩，加工厂面积 2000 平方，日产量 5000 斤。旗下拥有自主品牌“益柑柠”，在国内市场享有美誉。

在新型经济体制下，企业始终坚持“以人为本、品质为上、诚信为根、客户为上”的企业宗旨，以“传承中华传统文化”为企业使命，遵循“共赢合作”“创造和分享价值”的发展原则。

代表产品：新会陈皮。

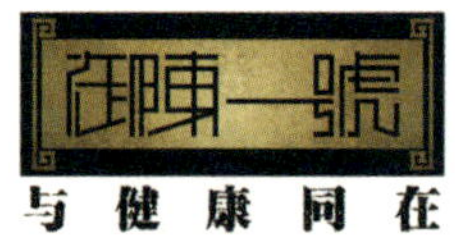

御陈一号 与健康同在

矢志于传承新会陈皮文化，把新会陈皮打造成为华夏手信！

御陈一号，在生产制作产品的过程中紧紧围绕“健康”这一理念进行。我们倡导健康生活方式，做健康生活产品，作为媒介来构建健康社交关系，这是我们的理念，也是我们的行为准则！

代表产品：新会陈皮、陈皮白茶、陈皮普洱茶。

茉莉花茶推荐品牌

春伦

传承福州茉莉花茶窨制工艺，弘扬福州茉莉花茶民俗文化

春伦集团成立于 1985 年，致力于福州茉莉花茶产业的复兴和民族品牌的打造 集团现有自有茶园 5 万亩，“公司 + 农户”茶园 10 多万亩，茉莉花生态种植基地 7000 亩，年生产量在 365 万千克。现已成长为集产品研发、生产制造、营销推广、品牌运作于一体，规模化、多元化、国际化的综合性民营企业，业务涉及茶品、化妆品、服饰、文化、旅游、电子商务等多个领域。

代表产品：茉莉针王、茉莉白龙芽、茉莉白龙珠。

茶具推荐品牌

楚汉听香 让一亿人喜欢上陶器

楚汉听香是集陶器设计、研发、生产、销售为一体的综合型品牌，以“以陶艺表现生活，让生活回归自然”为品牌理念，传播质朴、静寂、顺应自然的美学观念，致力于弘扬东方美学与中华传统文化。

品牌采用中式文化为核心创作理念，产品系列包含茶器、花器、香器、流水、艺术品、灯具、餐具等。

代表产品：海之恋旅行茶具、相思梅茶具套组、五福临门茶具套组。

尚唐 日用美器

尚唐青瓷创意工场，致力于高雅青瓷的设计、制作与销售。现已成为：龙泉市青瓷行业重点企业，丽水市重点文化企业，龙泉市青瓷行业标准起草制定企业，2016 年 G20 峰会礼品合作企业。

面对自然与器物，尚唐秉持“让价值看得见”的理念，在接受龙泉自然馈赠资源的同时，感悟自然，将瓷土制成雅致精美之器，让人们可以长期使用与赏玩，以致流传于后世，这是对自然的敬畏，也是对瓷土资源的不辜负。

代表产品：青木系列茶叶罐、鸿运当头茶器、龙泉青瓷茶器。

朱炳仁·铜
百年铜艺世家

朱炳仁·铜 百年铜艺，非遗传承

涵盖茶、香、礼、文创等多个板块，主打铜壶、茶盘等各类茶生活配件。我们认为：铜壶用料考究、手工锻造，煮水口感顺滑，析出的微量铜元素抑菌养生。

铜壶煮水，方为待客之道。

代表产品：龟寿康宁壶、古风福禄壶、紫金帝王壶、千里江山壶。

香道推荐品牌

富山香堂
FushanKodo

富山香堂 优选香木 纯粹天然

将沉香文化导入生活，以五感体验营销，藉由沉香原木形体、触感与香味，触动顾客对沉香的钟情，进而达到身心满足的新心生活概念，与您分享一种属于台湾企业坚韧不拔的鼻尖好味道。

代表产品：沉檀线香、沉檀盘香。

“茶的故事”公众号
订阅喝茶幸福感

不同情况，选择不同的茶

减肥是一个需要持之以恒的过程，完全寄希望于喝茶减肥是不现实的。但对于爱茶之人，根据自己的身体状况选择适合自己的茶，对于维持身材也是很有必要的。

（1）食用油腻食物后喝乌龙茶。

若是偶尔禁不住高热量油腻食物的诱惑，吃完了又后悔，担心长胖，可以赶紧泡一杯乌龙茶喝。乌龙茶促消化作用明显，能帮助解油解腻。

（2）吃撑了就喝普洱茶。

遇到美食管不住嘴，等吃撑了才想起自己在减肥，可是又不想起来运动，这时可以喝普洱茶，尤其是熟茶，可以促进肠胃消化。但喝完普洱茶容易出现“饥饿感”，千万要忍住，不能继续吃。

（3）吃了零食甜品就喝红茶。

若是饿了，而手边只有热量较高的饼干或小蛋糕，可以搭配红茶一起吃。红茶温和百搭，香滑的口感和甜品很相配，同时又可减少油脂吸收。

无论茶对减肥有多少益处，对于减肥来说，我们只需要记住一点，那就是“合理饮食＋适当运动”才是真理。在这个基础上喝茶，才能对减肥起到辅助作用。

茶沫脏吗？对人体是否有害

泡茶的时候，一冲水水面就会浮起一层泡沫，看起来像是脏东西，很多人都习惯用壶盖把泡沫刮掉。茶沫真的脏或者有害吗？

茶沫到底是什么

要弄清茶沫是否有害，我们先要了解茶沫是什么。茶沫主要来自三个方面：

一是茶皂素。茶皂素是引起茶沫的最主要原因。茶皂素也叫茶皂苷，有苦辛味，具有很强的起泡力，所以一般泡沫越丰富，茶的滋味越浓郁。茶皂素有抗菌消炎、镇痛等作用，是对身体有益的一种物质。

二是茶叶上的绒毛。一些由茶芽制成的茶较为细嫩，绒毛较多，如碧螺春，一冲水就会浮起茶毫和泡沫，看起来似乎很脏，实际上是正常现象，对人体无害。

三是茶叶的浸出物。红碎茶或者是碎末比较多的茶叶，茶中的有效物质浸出很快，冲泡时也比较容易产生茶沫。

好茶不会有茶沫吗

有人认为，好茶是没有泡沫的，茶沫越多表明茶叶越次。其实这种说法是毫无根据的。茶沫与茶叶好坏没有直接关系。

除了上面提到的形成茶沫的原因，茶沫与冲泡的手法也有关。如果悬壶高冲，激荡起来的泡沫就比较多，而温柔地低冲注水，茶沫就比较少。

泡茶需不需要刮茶沫

既然茶沫是茶汤的精华，自然是没必要刮除的，含有茶皂素的茶沫是茶汤滋味的组成物质。另一方面，茶皂素是一种皂苷物质，这类物质在植物界中广泛存在，像中药陈皮、甘草等都含有皂苷的物质。茶皂素还有一定的抗菌消炎作用，对人体健康是有益的。

你可能会有疑问，茶艺表演中不都有刮茶沫的动作吗？其实，茶艺表演中刮茶沫的动作只是为了增加美观度，在表演上更好看。了解了茶沫的真相之后，就不需要有这些担忧了。

隔夜茶有毒，是真的吗

不喝过夜茶，是很多人的共识，甚至有人说隔夜茶有毒。至于隔夜茶是否真的对人体有害，为什么有害，恐怕没几个人能说得上来。

先来看隔夜茶的风味变化，经过检测求证，得出的结论是：放置 4 小时以内的茶汤，在凉至室温后，内含物变化不大，主要是香气有些散失。但时间加长之后，风味会开始表现得不够愉悦，甜度和鲜爽度逐渐下降，酸涩味显露。这就说明超过一定时间，茶汤就会产生一些变化，而且人能逐渐在口感上喝出差异。

其次是健康，对于隔夜茶的担忧，主要来自两个方面：一是担心亚硝酸盐含量升高，变得有毒性；二是觉得会腐败变质。

关于亚硝酸盐

亚硝酸盐是一种在很多食物中都存在的物质，而且和很多物质一样，摄入过多就会产生健康问题。国家生活饮用水的卫生标准规定，生活饮用水中的亚硝酸盐含量不能高于 1 毫克每升。有科学实验数据显示，普洱和菊花茶中，无论是现泡新茶，还是放置了 12 小时和 24 小时的茶，亚硝酸盐含量均低于 0.2 毫克每升，绿茶最高，也只有 0.2 毫克每升，远低于国家饮用水亚硝酸盐含量标准，所以，不用担心隔夜茶亚硝酸盐含量高的问题。即使喝了过夜茶，摄入量也极为有限。

放置时间过久确实会变质

隔夜茶最直观的变化是颜色会变深，成为红褐色，其实这并非变质，而是由于茶多酚氧化成了红褐色的茶色素。茶多酚和茶色素都有很强的抗癌、抗氧化作用，对人体依然有一定的保健功能。

但无论是茶叶还是茶汤，放置时间过久，其中对人体有益的维生素 C 消失殆尽，而且茶叶中本身含有氨基酸、茶多糖等营养成分，这些也是细菌、真菌孳生的温床，这是不推荐饮用隔夜茶的根本原因。

虽说没有变质的茶可以饮用，但放置时间太长，我们通过视觉、嗅觉和味觉无法判断它对健康是否无害。因此，喝茶还是新泡的最好，放置时间在 8 小时以上的茶，就不要饮用了。

喝茶失眠？就看你怎么喝

很多人认为喝茶会导致失眠，其实喝茶会失眠并不是绝对的，喝茶后失眠、睡不好、早醒等只是假象，之所以造成喝茶后睡不着，很多时候是心理作用，也有其他一些因素。相反，有些茶还有一定的助眠作用。

茶能提神，也能安神

茶叶的提神作用要归功于茶里面所含的咖啡碱。当茶叶泡开 2 分钟左右时，就有 70%~80% 的咖啡碱溶解到水中，这时的茶就具有明显的提神功效，使人兴奋。因此，早餐之后或者中午昏昏欲睡时，喝一杯茶可以帮助我们提神醒脑，恢复工作状态。工作、学习间隙喝一杯茶，可以消除疲劳、增强活力、提高思维和判断能力。

但是，提神和安神并不冲突。茶叶中除了含有咖啡碱，还有一种很重要的物质叫作茶氨酸。茶氨酸有安神助眠的作用。这样看来，似乎功效是互斥的。但妙就妙在咖啡碱和茶氨酸的生效时间是不同的，咖啡碱的提神作用是在喝茶后的短时间内发生的，而有安神、促进睡眠作用的茶氨酸则需要经过一段时间的积累才会见效。这就是为什么我们平时喝茶的时候总有一种感觉，就是喝茶短期提神，长期安神。

泡茶方法对了，喝茶就不会失眠

导致失眠的咖啡碱易溶于热水，一般第一泡即可浸出茶叶中一半以上的咖啡碱，所以容易失眠的人可以弃去第一泡。

另外，咖啡碱的量与投茶量是相关的，投茶量少，泡淡茶饮用，茶水中析出的咖啡碱也有限，可以减弱咖啡碱对睡眠的影响。

关于喝茶失眠，个体的差异比较大。大家平时可以找到自己的失眠点，给自己一个约定，比如，睡前多长时间就不再喝茶了。

影响睡眠，不都是茶的错

其实，相对于睡前喝茶引起失眠，更多时候或者说作用更明显的，反而是晚餐饮食不当，以及睡前过度使用手机等电子设备。

（1）晚饭吃太饱，容易导致消化不良，增加肠胃消化负担，影响入睡质量。

（2）晚饭过油或过辣，会使胃部产生不适感甚至是带疼痛的灼热感，从而干扰睡眠。

（3）睡前大量饮水，小便频繁，对睡眠质量的影响更为明显。

（4）除了茶叶，某些感冒药、止痛药或减肥药也含有咖啡碱成分，而且有些药物的咖啡碱含量还不低。

（5）睡前玩手机，屏幕发出的蓝光会抑制褪黑素的形成，褪黑素会提示你的身体现在是“睡眠时间”。睡前长时间看手机，很难进入睡眠状态。

对于习惯晚上喝茶的人来说，可以在餐后 1 小时喝一杯熟普洱助消化，并且晚饭也要注意别吃太饱，加上舒适放松的环境，就会更容易入睡。

| 易失眠的人，睡前应避免饮茶 |

六招教你保存好心爱的茶

再好的茶若储存不当，也会很快变质，不仅茶叶的形、色、香、味会随着时间而发生变化，而且本来对健康有益的成分也可能变成威胁健康的物质，所以好茶更需要好好保存。

茶叶储存应当遵循包装密封、避光、防湿、防异味、防高温、必要时冷藏的原则。绿茶、黄茶保存最好不超过 1 年，红茶、乌龙茶储存得当则可存放数年，普洱茶、白茶则是存放时间越久，茶叶品质越好。

正在喝的且量比较少的茶叶，一般不用特意密封储存，只要遵循上面的原则存放就可以了。量比较大且储存时间较长的茶叶则需要细心储存。

包装密封

茶叶表面疏松多孔，容易吸附异味和受潮，空气中的氧气、水分、异味等都是茶叶的大敌，所以，日常生活中密封性好的包装非常重要。包装好的茶可以避免在前期的运输和贮存过程中受损害，购买之后存放家中也不容易变质。

很多茶叶会使用厚实的铝箔袋封装，有的还会在外面加上罐子或外盒，好看又防止挤压，这是非常便捷、有效的密封方式。还有些会在这个基础上抽真空，进一步避免茶叶被氧化。如果茶叶包装已经拆开，则需要用密封夹封紧，防止空气中的氧气、异味和水分侵染茶叶。包装带有自封功能更好。

还有一些可以直接接触茶叶的罐子，比如瓷罐、陶罐或锡罐，也可以很好地存放茶叶。如果罐子是新买的，可将罐子清洁干净、彻底风干，之后用少许茶末置于罐内，盖上盖子，上下左右摇晃轻擦罐壁后倒弃，去除异味后再使用。

避光

阳光中的紫外线等会引起茶叶中的成分发生变化，经过照射的茶叶，颜色会变深发暗，香气加速散失，口感也会变杂，严重者还会变酸。因此，存放的容器不能透光。我们经常看到在展会、售卖场有用

普洱茶的保存

普洱茶购买后，可以在外层包上一层布袋或者纸盒，直接放在通风透气、不潮湿、无异味的环境中保存，这样有利于后期陈化，提升茶叶品质。

透明的玻璃罐、透明袋等存储茶叶，这只是为了方便展示茶叶的外观，家庭长期存放茶叶时，千万不能使用透明包装。

防潮

茶叶呈现干燥的状态，最初的作用就是利于保存。但空气中含有水分，尤其在湿度较大的南方、沿海地区，更需要注意茶叶的防潮。受潮的茶叶风味会大打折扣，严重时还会发霉，误饮后影响健康。

密封的包装本身可以预防，此外放一些食品干燥剂、脱氧剂在茶叶外包装中（干燥颗粒不要直接接触茶叶），效果也很好。取用茶叶的工具，或是直接用手的时候，也要注意干燥。如果是在空气中暴露较长时间的茶，不要放回原包装中，否则可能会吸潮而影响原本的干茶。

防异味

茶叶不光吸潮，还容易吸味。存放茶叶时，应避免将其和有味道的东西放在一起，即使同样是茶叶，如茉莉花茶等香味较强烈的也需要单独放置，以免影响其他原叶茶。

防高温

茶叶在高温环境下容易发生转化，香气也流失得更快。所以存放时要注意远离高温热源，应放置在阴凉干燥处，正常室温即可。

鉴茶小妙招

日常鉴别时，可以拿一小撮茶叶在手中捻搓。如果茶叶碎成粉末状，说明干燥度没问题。如果无法揉碎，或者茶条折而不断，那就很可能是受潮了。

必要时冷藏

像绿茶、清香型乌龙这类色泽偏绿、不发酵或者轻发酵的茶叶，非常容易被氧化。即使我们做到了上述几点，也难保茶的质量不会发生变化。这类茶想要保存时间更长一些，就需要放到冰箱里。可以将茶叶装入密度高、厚实、强度好、无异味的食品包装袋，然后置于冷藏室，0~5℃冷藏即可，无需冷冻。

冰箱的小空间密闭环境中味道很杂，所以袋口一定要封严实。

| 用陶瓷罐保存，茶叶不易变质 |

不可不知的茶渣妙用

每一片茶叶都来之不易，它经历了不同环节人们的悉心呵护，才呈现在我们面前。即使在经历了冲泡，奉献完一生的精华，成为茶渣以后，也依旧能发挥它最后的价值，为我们的生活增添一份美好。

相信每个爱茶之人，都有发挥茶渣余热的小妙招。下面展示的是我们通过实际验证有效的茶渣妙用，热爱生活的你，一定迫不及待想要动手来制作了吧！

| 除去菜板上的异味 |

| 清除炊具上的油垢 |

除异味

（1）吃了生葱、大蒜以后，口中会有异味，取一点茶叶在口里嚼一会儿，能消除异味。

（2）砧板、餐具上残留有鱼腥味时，用茶渣水擦拭，可去腥。

（3）将茶渣晒干后装入纱布袋中，再放入冰箱，可去除冰箱内的异味。使用1个月之后，将其取出放在阳光下暴晒，再装入纱布袋放入冰箱，可反复用多次。

（4）把晒干的茶渣用纸包住，然后塞进有臭味的鞋子内，可吸收鞋内水汽，去除臭味。

清洁

（5）炊具沾了油垢，用新鲜的湿茶渣在炊具上擦几遍，即可将油垢洗去。如无新鲜的湿茶渣，用干茶渣加开水浸泡之后也可以。

保健

（6）将茶渣晾干后攒起来，用袋装好，用来做枕头，睡起来软硬适中，又有清香味，对身体健康也大有裨益。

（7）茶中的多酚类能抗氧化，把新鲜的湿茶渣装进纱布袋中，用于敷脸、敷眼、敷皮肤各部位，可以美肤养颜、缓解黑眼圈。

| 湿茶渣有收敛安抚作用，可养护皮肤 |

（8）饭后用茶水漱口，能清洁口腔、去口气、预防牙龈出血，还有一定的杀菌消炎作用。

除菌、驱虫

（9）茶有抗菌抑菌的作用，用茶渣水洗头、泡脚，对头皮瘙痒、脚气等有辅助改善效果。

其他作用

（10）把茶渣腐熟后倒在花盆里，能保持土壤中的水分。与土混合后放入花盆内，是很好的花卉肥料。但不能放太多，否则会降低土壤的酸性。

| 茶渣腐熟后可做花卉肥料 |

读完本章有任何疑惑
可随时扫码提问

怎样泡好一杯茶

扫码查看
本章更多话题

水为茶之母，选好水才能泡好茶

都说水为茶之母，泡茶，就绕不开泡茶的水。

中国古人对自然界的一切，往往怀有一种心心相印的亲切感。他们对水的崇尚，恐怕是万物崇拜中至高的一种了。古人往往将水上升到品格的层面，但这个角度不免落入玄虚。我们今天泡茶用水主要考察水质，也就是有无杂质、硬度怎样、含氧量如何，这三点确定了，基本上就能决定是否能用来泡茶了。

| 水好，泡出来的茶才好 |

泡茶必先求水

茶叶蕴含着的幽香，是要靠水与热量激发出来的，没有水就无法讨论茶本身的优劣了。泡茶水质的好坏，会直接影响到茶的色、香、味的优劣。只有好茶与好水的融合，才是至高的享受，是最美的境界。正如明代茶人张大复在《梅花草堂笔记》中所说："茶性必发于水，八分之茶，遇十分之水，茶亦十分矣；八分之水，试十分之茶，茶只八分耳。"

直到今天，中国人对喝茶的水还是分外讲究的。像西湖龙井茶，配上甘冽的西湖虎跑水，叫"龙虎饮"，又称"西湖双璧"，可谓是众多茶人梦寐以求的。

居家泡茶选什么水

当然，对于普通人来讲，龙井茶配虎跑水只能是一种向往。对于日常喝茶，究竟要选什么样的水才好呢？

对于泡茶用水，古人缺乏科学研究，

都是用感官来评判的，并总结出五个标准：清、活、轻、甘、冽。这几条综合起来，实际上就是我们现在所说的水质好坏。

决定水质好坏的主要因素是水的硬度，即溶于水里的钙、镁等离子含量的高低。一般而言，水的硬度越高越不适合泡茶。

我们日常生活中接触的饮用水大致分为三种：纯净水、矿泉水、自来水。

纯净水最能显出茶的本色

居家泡茶一般采用纯净水为佳。纯净水可谓是至清之水了，无杂质、无色、透明、无沉淀物，符合古人“清、活、轻”的标准，最能显出茶的本色。纯净水还具有溶解度大、渗透力强和溶氧性高的优点。用纯净水泡出的茶，茶汤不仅晶莹透澈，而且香气滋味纯正，鲜醇爽口。市面上纯净水品牌很多，大多数都宜泡茶。

纯净水泡出来的茶，特点是干净甜柔，不过因为不含任何微量元素，其香气、浓度等品质上会略微逊色。

泉水要选硬度低的

水以轻为美，所谓轻水其实就是软水。天然泉水、矿泉水虽然对身体有益，但需要注意水的硬度，硬水含钙、镁离子多，用来泡茶会使茶汤发暗，滋味发涩。而且，水的硬度增高，浸出性会降低，茶叶中氨基酸、咖啡碱等都不容易完全被浸出。因此，选用硬度低的矿泉水泡茶更合适。而且从某种程度上说，软水比纯净水泡茶更好喝。

当然，有些很好的天然泉水也属于软水，比如前面说到的虎跑泉水，是从难以溶解的石英砂岩中渗透出来的，甘冽醇厚，硬度低，带有甜味。这很符合古人选水“甘、活”的标准，但显然是不容易获取的。

市售的天然矿泉水品牌很多，从包装上也看不出软硬度，需要选择几种进行对比冲泡，看哪款水更适合自己的口感。有条件自己去天然水源取水的，需注意水源的清洁度和安全性。

另外要注意的是，矿物质水不同于天然泉水。矿物质水通常是在纯净水中加入了矿物质，这种水硬度更高，直接饮用有时都能感到涩味，“凡水泉不甘，能损茶味”，更不能用来泡茶。

自来水需要净化后再用

居家泡茶，如果选用自来水，需要先贮存一天，再煮沸泡茶。一方面可减少水中氯气的含量，另一方面可沉淀部分水中的杂质。如果有设备，能够净化一下是最好的。北方的自来水硬度通常较高，用来泡茶最好先净化。

总的来说，如果有条件使用纯净水，就尽可能避免使用自来水泡茶，因为即便是经过简单家庭净化，水中残留的气味也很难去除，容易使泡出的茶香味不纯。

掌握 3 个窍门，新手也能泡好茶

决定一杯茶滋味的因素有很多，包括茶叶的品质、所使用的器具、冲泡的方法等，其中最直接的就是冲泡方法。茶汤的滋味其实是由茶叶浸出到水中的物质的多少决定的，而这又与冲泡时的茶水比、水温，以及浸泡时间息息相关。

茶水比决定口感

熟悉茶与水的比例，是泡好茶的第一个关键，茶水比把握得当，能够让一杯茶尽可能地达到我们想要的浓度和口感。

一般来说，泡绿茶、黄茶的茶水比是 1: 50；泡红茶、普洱茶、白茶的茶水比在 1: 20 到 1: 30；泡乌龙茶、黑茶时，茶水比在 1: 15 到 1: 20。例如，泡西湖龙井时，可以取 4 克茶，用 200 毫升水冲泡。实际可根据茶器的大小来调整茶叶用量，大致按这个比例冲泡即可。

当然，我们这里提供的是适合大部分人的标准浓度，具体冲泡时，大家可根据自己的口感灵活调节。

另外，古人谓饮茶“宁淡勿浓”是有一定道理的，因为太浓的茶汤有苦涩味，会影响茶汤层次感的表现。泡茶的时候要有这个意识。

茶类	茶水比
绿茶、白茶	1:50
红茶、普洱茶、黄茶	1:20~1:30
乌龙茶、黑茶	1:15~1:20

水温影响滋味

不同类别的茶叶，茶叶中物质被浸出

的速度也不一样，需要搭配不同的水温来协调滋味。水温过高，泡出的苦味物质会偏多；水温过低，则难以泡出应有的滋味。

泡绿茶时，一般用 80~85℃的水，茶叶越嫩越绿，冲泡水温越要低，这样泡出的茶汤才能嫩绿明亮，滋味鲜爽。而水温过高，茶汤容易变黄，滋味较苦。冲泡黄茶的水温可参照绿茶。乌龙茶、普洱茶和沱茶，由于茶叶较粗老，用量较多，须用 100℃的水冲泡。冲泡前用开水烫热茶具，且在冲泡过程中用开水淋壶，其实都是为了保持水温。各种花茶、红茶冲泡水温可控制在 90~95℃。白茶的水温可略高些，95~100℃为宜。

茶类	适合水温
绿茶、黄茶	80~85℃
乌龙茶、普洱茶、黑茶	100℃
花茶、红茶	90~95℃
白茶	95~100℃

总的来说，茶叶越嫩，水温越低，茶叶越老水温越高；茶叶外形越松散，水温越低，茶叶外形越紧实，水温越高。

对于温度，也无需特意买一个温度计来测量。对于不能用沸水冲泡的茶，通常的做法是先把水倒入公道杯中凉一会儿，把手掌放到上面感受一下热力，多尝试几次就能把握到最合适的水温。

浸泡时间决定整体风味

控制好了水量和水温，茶汤的滋味基本上就定了，但还有一个因素不能忽视，那就是时间。因为浸泡时间过短或过长，都无法呈现茶叶原有的风味和特性，会使得前面的努力功亏一篑。同时，茶叶的耐泡度也会受到影响。

这里介绍两种常见的冲泡方式。坐杯泡：将茶叶浸泡在杯子里，直接饮用；工夫泡：用盖碗、壶等将茶汤过滤出来，每一泡分开品饮，因此会反复加水冲泡。二者的关键区别，就在于是否进行茶水分离，对浸泡时间的要求也就不一样。

坐杯泡在绿茶中最为常见，其次是黄茶、红茶和白茶，我们可以按照上述的水温，以 1:50 的茶水比浸泡 5 分钟，这是一个比较标准的浓度，茶汤的温度也刚好可以饮用。这种方式基本上一次性将茶叶的物质都浸泡出来，再续水往往为了方便和节约而不更换新茶，如果想让茶汤浓度保持在一定水平，可以用“留根法”，即在第一泡饮用时不喝完，留一些茶汤，这样续水之后茶味不会下降得太多。

工夫泡，一泡茶一般会冲泡多次，为了确保浓度，通常会多放茶，减少浸泡时间。比如单丛用 120 毫升的小盖碗，放 8 克干茶，每一次出汤时间要控制在约 30 秒以内。出汤时间可以自己的口感喜好为准，多泡多试就能掌握得好了。

工夫泡的出汤时间还有一些规律可以把握，即细嫩的茶叶比粗老的茶叶浸泡时间短，疏松型的茶叶比紧压型的茶叶浸泡时间短，碎末型茶叶比完整型茶叶浸泡时间短。

投茶量应该怎么把握

前面我们说一杯茶的滋味与茶水比有很大的关系，关于这个茶水比，相信很多人在实际过程中都是靠着经验来把握的。实际上，因为茶壶的容量我们是清楚的，所以，加水量通常不会有太大的出入，但是投茶量就不好把握了。很多人刚开始学泡茶时，经常是手抓一撮，凭感觉拿。结果泡出来的茶不是淡而无味，就是又苦又涩。

那么，怎样才能把握好投茶量呢？

| 没有电子秤时，可根据茶条粗细和形状把握投茶量 |

新手学泡茶，最好有一台电子秤

茶叶要精确到以克计量，哪怕出现一点误差，泡出来的茶汤口感差异也可能会很大，所以对新手来说，最好能备一台电子秤。

你可能觉得这样做会让人笑话，但凡事都有个过程，你所看到的那些老茶客，他们随手一抓就开始泡，其实那也是经历了用电子秤，并且尝试了无数次泡茶才练习出来的，因此通常都不会有较大的出入。

事实上，对于一般人来说，眼睛看到的茶跟实际称出来的，通常会差很远。因为茶叶的蓬松度千差万别，非常容易使人产生错觉。当你通过称量，投茶量精准了，泡出来的茶好喝，又何必在意别人的眼光呢！

每次先称一下茶量，知道自己放了多少茶，心里有个数。要是觉得淡了，下次便多称一点；要是太苦涩，下次便少称一点。这样也更容易找到适合自己口味的投茶量。

没有秤时，怎么取茶叶

实在没有称量工具的时候，也可以通过一些基本的标准来确定投茶的量。前面说到老茶客取茶总是很准，其实他们不仅是用手掂量，还用眼睛看。下面是几条常用的取茶经验。

看茶条粗细

粗条茶：如云南的滇红，由于红茶滋味比较浓郁，大概放茶壶体积四分之一的茶量就可以了。再如单丛茶，因为属于乌龙茶类，投茶量要稍多一些，大约放到茶壶体积的三分之一。

细条茶：像祁红这类茶条非常紧细的茶，看起来少，实际上量并不小，而且细小的茶浸出很快，这样的茶大概铺满壶底就可以了。

看茶叶的形状

颗粒形茶，如果没有分成小泡的，如台湾高山乌龙，可以用数颗粒的方法，40粒左右即可。当然也要根据颗粒大小和想要的茶浓度做适当调整。

扁形茶，如龙井茶，茶叶扁平规整，量以铺满壶底即可。其他一些稍蓬松的绿茶，如黄山毛峰，也是铺满壶底，可比龙井略多一点。

蓬松型茶，如白牡丹茶，可以放到茶壶体积的一半。

蓬松的白茶可放至茶壶体积的一半

泡茶时，到底是先加茶还是先加水

泡茶时先加茶叶还是先加水？相信很多人会觉得这不是个问题：当然是先加茶叶然后冲水啊。但其实先加茶叶后冲水只是一种普遍的习惯，不同的茶各有“性格”，因茶制宜，才是泡茶注水最重要的原则。

关于先加茶叶还是先加水的问题，主要是针对玻璃杯冲泡绿茶的情况。茶叶是蓬松还是紧实，是片状还是条状，是粗还是细，是轻还是重，都会影响茶水浸润的速度，因此冲泡手法会有所差异。适当的投茶顺序，可以让茶与水充分交融，绽放出最美的味道。

玻璃杯冲泡绿茶时，可分为上投法、中投法、下投法三种。

上投法

上投法即先加水、后加茶，这样做的目的是让茶叶与水缓缓接触，浸润速度慢而温和，可以避免茶因水温过高而被烫坏。

上投法多适用于茶形细嫩的名优绿茶，这类茶一般全是芽头或满身披毫，如特级碧螺春、信阳毛尖等，不耐高温。松散型的茶因为会浮在水面不容易下沉，不宜使用上投法。

冲泡方法：先向杯中注入七分满的沸水，等数秒，待水温降至90℃以下时进行投茶，等茶叶几乎都沉到水面以下后，轻轻转动杯子，使杯中茶汤均匀，稍后即可品饮。

中投法

中投法即先加水、后加茶、再加水。一方面可以避免水温过高伤茶，另一方面又能让茶与水充分融合。

中投法对茶类要求不高，绿茶都可以用中投法冲泡，尤其适用于扁平型的龙井。

冲泡方法： 先将沸水注入杯中约三分之一处，待水温凉至 90℃左右时，将茶叶投入杯中，稍稍转动玻璃杯让茶叶浸润，再将 80~90℃的开水徐徐加入至七分满，稍后即可品饮。

下投法

下投法是先加茶后加水，不管用杯、盖碗还是茶壶泡茶都适用，绝大部分茶也都适用。这种泡法能让茶与水接触更快。冬季使用下投法能避免水温不够的弊端。

下投法相对适用于原料较成熟、外形没那么紧致的茶，如太平猴魁和六安瓜片等。

冲泡方法： 将茶叶投入杯中，加入 80~90℃的开水至七分满，稍后即可品饮。

关于投茶的顺序，古人也有总结。明代张源在《茶录》中提出："春秋中投，夏上投，冬下投。"这是根据季节给出的建议，我们在实际泡茶时也可以参考。除了根据茶叶选择投茶法，我们也可以视水温情况，灵活决定用哪种投茶法，相信每一次小小的变化都会给你带来新的体验。

注水方式也会影响茶的口感

我们经常看到，茶艺师泡茶注水的时候，面对不同的茶会有多种方式，有高冲的，有低冲的，还有画圈冲水的，水流粗细也各不相同。做这些可不是为了好看，它对茶汤的品质有重要影响。

水线的高低、快慢、缓急、走势、粗细分别影响着茶汤的温度、浓淡、协调度、均匀度和饱满度。当我们熟练掌握了茶水比、浸泡时间、水温后，就需要慢慢摸索注水方式了。

| 单边定点注水，适合出汤快的茶 |

悬壶高冲

特意提高水壶注水，让水流击打茶叶翻滚起来，激发茶叶的香气。这种方法比较适合一些香气比较高的茶，如铁观音、单丛等。

悬壶高冲除了要把壶提高，还要把握水柱的粗细缓急，准确地把水冲入盖碗中，并看准时机压壶收水，否则很容易导致水满溢出。

回旋低冲

把水壶放低，采用螺旋式走向来冲茶，让盖碗边缘及中间的茶叶都能直接接触水，可使茶与水更快更好地接触融合。

这样的注水方式适合红茶、散白茶、普洱茶和乌龙茶。或者泡到后面几泡比较淡的时候，为了促使茶汤尽快浸出，都可以用这种方式。

正中定点注水，适合滋味清新、层次丰富的茶

环圈注水

注水时沿盖碗的边缘旋转一圈，收水时正好回到原点。使盖碗内边缘部分的茶叶第一时间接触到水，而后慢慢向中心的茶叶蔓延，慢慢浸润。

这种方式比较温柔，需要一定的浸泡时间。适用于冲泡比较细嫩的茶叶，如龙井、碧螺春、金骏眉等。

单边定点注水

将注水点固定在盖碗边缘某个地方，而不是直冲茶叶，让茶与水慢慢接触融合。

这种方法比较轻柔，可以避免茶汤浸出过快过多而产生苦涩。如果茶量不小心投放过多，或者茶叶较碎，可以使用单边定点注水，并且快速出汤。需要出汤很快的茶也适合用这种方式。

正中定点注水

正中定点注水通常使用较细的水流缓缓注入。这样只有中间一小部分茶和水直接接触，其他部分则在一种极其缓慢的节奏下浸出，茶汤的层次感也最明显。

这种注水方式比较适合滋味较清新但层次又比较丰富的茶，如祁红、东方美人茶（膨风茶）等。

上面介绍的几种注水方式看起来很复杂，其实本质上在于水冲击茶叶的力度和茶水接触融合速度的不同。无论冲泡器具是盖碗还是茶壶，注水的原理是相同的。总的来说就是，想要茶香高扬，就加强水流力度和速度；想要茶汤层次丰富，就注意注水走线，使之慢慢吊出味。俗话说的“香靠冲，汤靠吊”就是这个意思。

注水方式对茶的香气与滋味的影响是非常微妙的，新手比较难把握，但只要静下心来细细体会，就能感受到这些细节对茶的影响。当然，多加练习对比也是不可少的。

洗茶、润茶、醒茶有什么区别

泡茶的时候，常常会看到有一个动作：用热水过一遍茶叶，这泡茶倒掉不喝。这一过程称做洗茶，也称醒茶、润茶。很多人可能会问：这样做是要让茶更干净、更好喝吗？这三个词到底有什么不同呢？

洗茶同时也是醒茶和润茶的过程

洗茶

很多人觉得“洗茶”是要洗掉茶叶上的脏东西，其实这是一种误解。现代制作茶叶大都采用标准化程序，尤其是使用机械制茶，很少有机会沾染灰尘之类的脏东西；高档茶叶很多虽然使用人工炒制，但对整个过程的清洁控制更加严格。有些茶叶上会看到类似“尘”的东西，其实是茶叶的茶毫和生产加工过程中形成的尘状微粒，并非灰尘。

既然茶叶不脏，为什么还要洗茶呢？这其实是一种传统，它反映了中国自古以来饮食文化中强调以洁为先的思想。明代《茶谱·煎茶四要》中记载：“洗茶：凡烹茶先以热汤洗茶叶，去其污垢、冷气，烹之则美。”可能古代制茶大都是手工操作，储运条件不够好，沾染灰尘杂质在所难免，洗茶确实可以去除茶叶中可能夹杂的灰尘等杂质，流传至今，这个习惯就被保留了下来。现代人洗茶，更多的是为着提升茶汤品质的目的，使我们更快、更好地品饮到最佳口味的茶汤。

绿茶、白毫银针、黄芽茶、金骏眉这些细嫩的茶，头道是精华，一般不洗茶。红茶是全发酵茶，细胞破损率高，香气、滋味等物质浸出较快，一般也不洗茶。只有铁观音、陈年普洱、白茶、黑茶等比较紧实、粗老的茶，才可以“洗”，这样才能充分唤醒茶叶。

醒茶

葡萄酒在喝之前，通常都会“醒酒”，为的是让酒与空气接触，使酒中的单宁被适当氧化，口感更好。醒茶也是类似的道理，在空气、水、温度的作用下，茶叶里面的物质在短时间内快速“动起来”，这样茶叶的滋味和香气就都得到了释放，冲泡后更能显露其醇厚滋味和陈香。

除了帮助释放香味，提升口感，适当地醒茶，还可以去除茶中令人不悦的味道。比如普洱熟茶容易有堆渥味，通过醒茶，就可以减少这些因素，从而明显改善茶汤的适口度。

醒茶其实还分干醒和湿醒，干醒主要针对一些陈年的紧压茶，将茶用茶刀翘散之后，放入茶叶罐中，存放一段时间再饮用，让茶适当氧化。湿醒则使用范围广一些，和洗茶的步骤差不多，就是泡的第一道茶弃之不饮，区别是醒茶在这之前，可以先将盖碗用沸水温热，倒去沸水，再把适量的茶叶放进去，盖上盖子，利用盖碗内的热度将茶闷 1 分钟左右，也是起到去除异杂气、激发茶香的作用。

润茶

因为制茶过程中的“揉捻”等工序让茶叶的形状变得紧致，这样制成的茶叶在用盖碗、茶壶沏泡时必须先浸润一下，舒展开来，才更容易浸出，所以就有了“润茶”一说。

尤其是对于颗粒比较紧结的球形乌龙茶和紧压的饼茶、砖茶等，润茶能让紧结的茶叶适当舒展，也让茶叶的温度提升上来，有利于茶汁的浸出。经过润茶后再冲泡，茶汤能更快达到最佳口感。润茶在动作上和洗茶并无太大差别。

洗茶、醒茶和润茶之间的关系

综合上面的介绍，对于洗茶、醒茶和润茶三者之间的关系，我们可以做一个总结，即它们的目的都是一致的：为了让茶更好喝。步骤上除了以去除异杂味、激发茶香为目的的“醒茶”稍微复杂一点，其他也基本相同。

至于用词上，推荐用醒茶或润茶，毕竟茶的洁净度并没有那么令人担忧，洗茶的说法不是很贴切，只是大家用习惯了而已。

需要注意的是，在泡茶时，醒茶 / 润茶的这一泡，出汤要尽可能快一些，防止滋味流失过多，否则就得不偿失了。

茶叶越耐泡，说明品质越好吗

说一杯茶“七泡有余香”，那就是对这款茶最好的评价了。七泡反映的就是耐泡。但是耐不耐泡就一定能说明茶的好坏吗?

同类茶才能比较耐泡度

耐泡度的确是判断茶叶质量的一个标准。耐泡说明茶叶内含物质丰富，经得起冲泡，但是要仅以此来评判茶叶好坏，就过于武断了。

不同的茶类有不同的特点，判断茶叶的品质，要综合其干茶、香气、滋味、叶底等因素，不能用是否耐泡一概而论。一般来说，同样的茶类，茶叶越耐泡、滋味越醇厚、香气越丰富，品质越好。但不同的茶就不能比较了，比如普洱茶或黑茶一定比精工细制的西湖龙井耐泡，可是我们不能说西湖龙井就不是好茶。

决定耐泡度的因素

决定一款茶是否耐泡，其中的变量很多。下面几个因素我们认为是对耐泡度影响比较明显的。

茶树本身

茶叶耐不耐泡，可以看叶片，通常大叶种的茶更耐泡。可以观察冲泡后的叶底，结合冲泡的时间、口感，感受一下不同茶叶的叶片大小、质地的肥厚，慢慢就能掌握其中奥妙了。

一般情况下，树龄越老的茶滋味越醇厚，茶越耐泡，这也是很多人追捧古树茶的原因之一。

茶树生长的环境

茶树周边的生态环境优美、海拔够高、土质肥厚，出产的茶叶内质丰厚、口感饱满，更耐泡一些。这其中一个非常重要的原因就是温差。新疆的哈密瓜和葡萄会更甜，就是因为当地早晚温差非常大，植物在低温的夜晚代谢慢，白天光合作用产生的养分不会被过多地消耗掉。茶叶也是一样，日积月累，高海拔茶叶就形成了比低海拔茶叶更浓厚的口感，香气也会持续多泡，且有层次。

另外，有机质丰富的土地能够让茶叶形成更多内含物而变得耐泡。在很多名优茶产区，我们会发现茶叶捏起来韧性很好，而且每一泡都能均匀出味。

叶片的老嫩程度和完整程度

一般情况下，全是芽尖的茶比较不耐泡，而一芽两叶或者一芽三叶的茶更耐泡一些。因为原料相对成熟的茶所含物质更丰富，经过多次冲泡才能完全释放。如大红袍、铁观音、单丛等乌龙茶类，大都是一芽三叶或一芽四叶，通常都可以冲泡 7 次以上。

另外，茶叶完整程度越高，耐泡度也越高。茶条较细碎的茶，如红碎茶，其中物质较易浸出，耐泡度就差一些。

老白茶非常耐泡

冲泡方法

同样的茶用不同方法来冲泡，耐泡度也会不一样。如果冲泡温度过高、浸泡时间过长，茶中的物质会过早过多浸出，滋味很快就变淡了。尤其是润茶阶段，如果水温过高，接下来的冲泡就很容易使内含物快速浸出，导致不耐泡。

一般情况下，绿茶不太耐泡，我们可以每一泡留下一些茶汤不要倒尽（俗称“留根”），这样会使下一泡的茶汤不至于太淡。

泡几次算耐泡

评判耐不耐泡，其实还是要看个人的口味。同一款茶给口感清淡的人泡，可以泡八九次，若是给一个口味较重的人泡，也许只能泡四五次。

通常，耐泡的茶泡 7 泡以上仍然有味，且不会出现两泡之间品质突然下降的现象。

当然，杯子的大小也是一个影响因素，若是用大杯泡绿茶，浸泡时间长，可能两三泡就没什么味道了。

煮茶是怎么回事

很多茶书中都讲到煮茶，这与我们今天常用的冲泡方法有很大的不同。其实，煮茶在古代相当长的一段时间都是普遍盛行的，整个唐宋时期都使用煮茶法，茶圣陆羽在《茶经》中就专门阐述了煮茶的过程，明清以后泡茶才成为主流。

煮茶，通常都是因为冲泡无法浸出茶本身含有的深厚滋味，故而要煮一煮，使茶更香浓。

今天，我们喝茶虽然不必使用煮的方法，但如果想要感受一下不同的滋味，煮茶也不失为一种新的体验。

茶该怎么煮

煮茶可以分为直接煮和冲泡后再煮两种方式。滋味较轻的白茶等，适合直接放进煮壶里煮，而黑茶之类滋味比较浓的茶叶，则适合先使用盖碗冲泡五六遍后再拿来煮，这样可以避免煮出来的茶汤过于浓烈。

哪些茶适合煮

煮茶一般是针对有一定年份的茶叶，这样的茶耐泡，内质丰厚有变化，比如老白茶、老普洱茶、陈年铁观音等。

老白茶冲泡后可继续煮饮

乌龙茶：新茶宜泡，老茶宜煮

乌龙茶属于半发酵茶类，香气浓郁且多变，一般不煮，高冲快出更能激发出它的高香和甜韵，煮茶则容易闷出熟气。不过，老茶冲泡几次过后，可用陶壶煮沸再饮。

白茶：嫩茶宜泡，老茶宜煮

白茶属于微发酵茶，茶香醇和，汤色清淡。白茶因采摘嫩度不同而分为白毫银针、白牡丹、贡眉、寿眉。白毫银针和白牡丹不适合煮茶，寿眉可以在冲泡过后煮，也可以直接煮。老白茶适合直接用陶壶煮饮，能煮出浓浓的枣香、药香。

黑茶：可冲泡，也可煎煮

黑茶属于后发酵茶，原料成熟度高，陈香浓郁，滋味醇厚，冲泡或者煎煮都可以。用陶制茶具煮，可消除一些茶叶发酵和存放时形成的杂味，使黑茶的陈香更为突出。此外，陶质茶具的粗犷、大气，搭配黑茶的淳朴凝重，更符合黑茶深厚的陈韵。

普洱生茶还是冲泡为好，因为煮普洱容易造成茶汤浓度过高，对脾胃不利。而且煮生普洱，香气和滋味也容易流失。安化黑茶、熟普茶等，还是很适合煮饮的。

红茶：用来调饮时适合煮

红茶一般不宜用沸水冲泡，煮的话就更容易使茶汤变得酸涩了，所以用来清饮就好，不可煮饮。但是制作调饮红茶，如红茶加入一些干花、牛奶等，就很适合用来煮了，因为煮茶能让红茶滋味更加浓郁，虽然难免有些苦涩，但会被牛奶、糖等掩盖，而且滋味更融合浓醇。

绿茶不宜煮

绿茶通常采用细嫩的芽叶制作，太高的水温容易把茶烫坏，使芽叶和汤色变暗，鲜度降低，滋味变苦。且其中的有效成分茶多酚、维生素等也会被破坏掉。所以绿茶不宜煮，甚至都不能闷泡。

如何像茶艺师一样优雅地泡茶

泡茶的目的当然是饮用，但泡茶从来都不是一件功利的事，它更接近于艺术，或者说是一种生活方式。实际上，人们在长期的实践中，也天然地赋予了泡茶饮用以外的一些功能。

我们经常看到茶艺师表演茶艺，会觉得很美，这其实就是一种艺术实践。要做到泡茶动作优美，同时泡出的茶好喝，是需要长时间练习才能达到的。

不同的茶，各有属于自己的一套泡茶程序，但基本的程序却是大致相通的。下面以紫砂壶泡茶为例作简要介绍。

| 温杯（壶）|

| 投茶 |

| 候汤 |

第一步：温杯（壶）

温杯（壶）也称作治器，传统的治器包括起火、掏火、扇炉、洁器、候水、淋杯（壶）等六个动作。当然，现在大都是电水壶烧水，起火、掏火、扇炉都不存在了，主要是洁器、候汤、淋杯（壶）。水烧到沸腾之后，将水壶提起，淋壶淋杯，起到高温消毒的作用。古人认为茶是天涵地育的灵物，至清至洁，所以要求泡茶所用的器皿也必须冰清玉洁、一尘不染。温杯（壶）体现了人们对茶、对客人的敬重。

第二步：投茶

投茶就是取一定量的茶叶放入茶壶（杯）中。不同类型的茶投茶量各有差别，前面章节已有详述。

第三步：候汤

候汤就是等待水沸。古人没有温度计，主要是凭经验判断水温。苏东坡有诗云，“蟹眼已过鱼眼生”，认为水煮至冒泡像鱼眼时泡茶是最好的。其实，水沸腾呈现鱼眼状时的温度在 95℃左右，如果泡的是乌龙、普洱等需要 100℃水冲泡的茶，需待再沸腾一会儿才好。

第五步：刮沫

工夫茶冲水一定要冲满茶壶，好茶壶水满后，茶沫会浮起，但不会溢出，这时可以手提壶盖，轻轻刮去茶沫，然后盖定。刮沫的程式意义大于实际意义，因为茶沫并不是脏物。

| 冲茶 |

| 刮沫 |

| 淋壶 |

第四步：冲茶

当水达到合适的温度后，就可以提壶冲茶了。揭开茶壶盖，将水环壶口沿壶边冲入，避免直冲壶心。冲茶时应高冲，这样可使开水冲击茶叶，激发茶的香味。冲水是泡工夫茶最关键的程序之一。

在正式冲茶之前，还有一个润茶的程序，就是冲入水后快速倒掉，起到洁茶和醒茶的作用。然后再正式冲泡。

第六步：淋壶

盖好壶盖后，再以沸水淋于壶上。淋壶有三个作用：一是使热气内外夹攻，使茶香迅速挥发；二是为茶水保温，使热量不会过多流失；三是冲去壶身外的茶沫。

| 烫杯 |

第七步：烫杯

烫杯就是用一个茶杯竖放于另一个茶杯中，用三只手指转动清洗。熟练者可以双手同时进行，动作迅速，声调铿锵，姿态美妙。烫杯可谓是冲工夫茶中最有意思也最富有艺术性的动作。

| 出汤 |

第八步：出汤

出汤需要低、快、尽，“低”出可以避免茶汤香味散失、泡沫四起，导致对客人不敬；“快”不仅能使香味不散失，且可保持茶的热度；“尽”就是使壶中不留余汤，以免下一泡茶汤苦涩。每一泡倒尽，把茶的精华都滴出来。

| 斟茶 |

第九步：斟茶

斟茶要“匀”，就是使每一杯茶同色同香同量，公平公道，以表示对每一位客人的同等尊敬；若是有多位客人，斟茶方向要向身体内侧，比如右手斟茶，就要从右往左，避免有赶客之意。

| 品茶 |

第十步：品茶

斟茶完成之后，请客人品茶，称为敬茶。品茶也有讲究：用右手拇指和食指端着茶杯边沿，中指护着杯底，无名指和小指收紧，不能指向别人，以示尊重。

古人认为，泡茶是修身养性的活动，品茶如品味人生，所以泡茶、品茶都讲究平心静气。比较讲究者，在泡之前还需要焚香除妄念，焚香就是要营造一种祥和平静的气氛，让心静下来，专注于茶。我们在泡茶的时候可以不拘泥于形式，但静心都是首先要做到的。

以上这些泡茶程式看起来简单，但其中蕴含了无穷的美意，环境之美、动作之美、人性之美都在不经意间显露。饮这样一杯茶，得到的不仅是萦绕不去的茶香，更有满满的感动。

品茶小常识：品茶有三乐

人生如茶，茶似人生。品茶品的就是人生。茶盏虽小，却能带给我们不少的人生乐趣。古人所谓品茶有三乐：独品得神，对品得趣，众品得慧。说得极好。

独品得神。一个人或对青山绿水，或居雅致茶室，一杯清茶，心驰宏宇，神交自然，物我两忘。

对品得趣。两个知心朋友相对品茗，或无须多言即心有灵犀，或推心置腹述衷肠，妙趣横生。

众品得慧。众人相聚品茶，互相沟通，相互启迪，实在是获得智慧的好方式。

读完本章有任何疑惑
可随时扫码提问

如何挑选合适的茶具

扫码查看
本章更多话题

不同材质的茶具有什么差异，该怎么选

茶具造型多样且材质各异，每一位喝茶人都有自己偏爱的泡茶器具。各花入各眼，喜欢的理由千千万万。对于不同材质的茶具，其中差异，我们在接触之后可能就会有个大致的印象。但它们各自的特点究竟在哪里，是怎样的原因造成了这些差异，就需要我们从材质本身来认识了。

紫砂

紫砂茶具以紫砂壶为主，这种材质有独特的双气孔结构，这种结构有聚温、透气不透水的特点，对茶汤有一定的润饰作用。正如文震亨在《长物志》中所说："茶壶以砂者为上，盖既不夺香，又无熟汤气"。紫砂壶适合泡风味厚重的茶，尤其是重发酵、重焙火的茶以及老茶。如大红袍、老普洱、老白茶、黑茶等。

紫砂壶的原料有紫泥、红泥、绿泥等类别。和茶叶一样，每类泥料也有高低之别，例如按颜色和纯度，紫泥里有好坏之分；同等级的紫泥和红泥间，彼此质感和密度不同，并无优劣之分，选择在于个人的喜好。实际冲泡时，不同的壶对某些茶来说更为适宜。

紫泥壶

紫泥烧制后颜色为紫色或紫红色，适用于各种茶叶，对冲泡的讲究不多，可以用于冲泡轻焙火的乌龙茶和普洱茶等。而且随着冲泡时间增加，养壶的效果变化明显，因此很适合初次接触紫砂壶的茶友使用。

朱泥壶

朱泥也叫红泥，烧制后颜色显红色，因为烧制前后收缩比大，良品率低，所以属于很娇贵的材质。质地上重量较轻，手感很细腻，更容易聚温，在泡茶时能凸显茶的香气。因此，台湾高山茶、铁观音、单丛等高香的乌龙茶很适合用朱泥壶泡。

绿泥壶

绿泥的泥料是浅绿色的，但在烧制后呈黄色或浅黄色。因为制作时可塑性非常低，所以真正的绿泥壶极为少见。目前多以绿泥和紫泥混合，烧制后颜色也是呈

| 紫砂壶非常适合泡风味厚重的茶 |

黄色。泡茶时各种茶都适合，但推荐冲泡轻发酵的茶，如清香型铁观音、白茶等。因为壶的颜色浅，泡深色茶久了之后壶会沾染茶色，降低美观度。

陶

我们平常总说陶瓷，但其实陶跟瓷是两种完全不同的东西，这里分开介绍。

陶是将粘土塑形之后烧成的，烧制温度要求相对较低，也是人类最早使用的器皿材料之一。陶器质地疏松，表面有颗粒感，易吸水吸味，胎质厚，传热慢，看起来粗犷、古朴。所以适合冲泡风格厚重的茶，如蜜香型的红茶、武夷岩茶、重焙火的乌龙茶、寿眉、普洱等。

从养壶的角度来说，陶制茶壶跟紫砂壶一样可以养，最好专壶专用，即一把壶专泡一类茶。陶器吸收了茶汤之后，久而久之会在表面会形成包浆，适合把玩。

| 陶制茶具粗犷、古朴 |

瓷

瓷是用瓷土高温烧成的，一般颜色都较浅，如白瓷、青瓷等，看起来细腻、优雅。而且瓷器的质地致密、不透气、不吸味、表面光滑易清洁，因此不用养，也不需要专门泡一类茶，只要清洁干净，任何茶类都可以冲泡。此外，瓷质茶具的散热性好，更适合冲泡香味清扬的茶，如嫩度较高的绿茶和白茶、茉莉花茶、清香型铁观音、白毫银针等。

想要区分瓷跟陶，有几个方法，第一是掂重量，因为两者的密度差别，同样大小的茶具，瓷器比陶器要更重一些；第二是透光度，瓷可以透光，而且可以做到很薄，陶则一般比较厚重，不透光；第三是敲击声，叩击一下茶具表面，瓷器的声音是清脆的，陶器则是低沉的。

瓷质茶具适合冲泡香味清扬的茶

玻璃茶具适合冲泡绿茶、红茶、花草茶等

玻璃

玻璃茶具的优势在于其无可替代的“透明”特性，可以直接看到茶叶形态和茶汤，无论是玻璃壶、玻璃公道杯，还是玻璃茶杯，观赏性都很强。直接用玻璃杯泡茶时，大多选择具有美感的茶，如比较细嫩的绿茶、红茶、花草茶等，可以看到茶叶美妙的外形。如果是玻璃壶、玻璃盖碗等，对茶叶则没有过多的限制，大多数茶类都可以冲泡。

此外，玻璃是一种可塑性很强的材质，可厚可薄，制作工艺上更容易制成各种形状，比如双层的防烫保温杯。同时还可以和很多材质搭配组合，形成新的茶具。例如玻璃杯内可以搭配陶瓷、不锈钢等其他材质的滤茶器，博采众长，更具美感。

铁器

在《茶经》中就有用铁器煮茶的描述，现今我们不再像古代一样煮茶，而是泡茶，铁质茶具因重量大、容易烫手等原因逐渐淡出茶具的主要材质，目前多是制成煮水器具，比如有提梁把手的铁壶。

现在，铁壶的价值，更多的是观赏，实用性并不强。由于历史上铁壶都是由手工铸造而成，其外观形态更是有诸多创造，越来越多的茶友开始认识到铁壶的美，并开始收藏。至于铁壶煮水能软化水质、能补铁等说法，就不用太在意了。首先铁壶煮水过程中，能迁移到水里的铁离子很有限，其次水质的软化主要与水中的钙镁离子等微量元素有关，如果想通过铁壶煮出山泉水的品质，是不太可能的。不过铁壶煮的水，确实能改变茶汤的颜色和味道，这主要是铁离子促进了茶多酚的氧化，至于味道好不好，就要看个人的口感喜好了。

铁壶煮水泡茶，古已有之

银质茶具可改善茶汤的口感，保养也很简单

银器

自古以来银器便是一种身份的象征，而且对于银质茶具，历代均称“煮水以银壶为贵，泡茶以银壶为尊”。当然，由于是贵金属制成，银质茶具的价格一般稍高，但泡茶确实更好喝，这得益于银离子去除异味、提升水质的作用。我们曾做过盲评，发现银壶煮的水，泡茶后茶汤口感更柔和、甜滑，香气也更扬。目前有银质的煮水壶、泡茶壶、茶杯等，掌握好冲泡方法，可适用于所有的茶。

除了以上介绍的几类材质外，还有搪瓷、琉璃、竹木、漆器等，这些茶具材质较小众。值得注意的是，竹器和木器其实并不适合泡茶，用来观赏装饰是不错的。因为这两种材质的表面一般会刷一层油脂防止开裂，而且竹木本身还有味道，这些都容易影响茶味。

茶具代表品牌：万仟堂、祥福、霞窑。

常用茶具，你都用对了吗

围绕着茶的取用、茶的冲泡、茶水的盛放以及品饮等，有着五花八门的茶具。比如一套正规的工夫茶具，就需要十多件不同的器物。不过，对于普通的茶爱好者来说，只要学会使用几件主要的茶具，就能精致地泡出一杯好喝的茶。

| 德化霞窑，羊脂玉瓷茶具，晶莹细腻 |

茶壶

茶壶绝对是茶桌上的主角，功能上它非常实用，壶身相对聚温，减缓热量流失，壶嘴可导流，方便倒入杯中，壶把好握持，不会被烫到。美感上因壶身、盖、嘴、把、底几个部位可以有很多设计上的差别，所以形成了很多的壶形，加上外面的绘画或者装饰，可以有很多的创造。

不论是体积较大的家用装茶水的器具，还是较小的工夫茶具，都能够见到茶壶的身影。即使是遥远的西方，英式下午茶也多用精巧的茶壶，里面放上茶包，泡至一定的浓度即可分杯饮用。不过工夫茶泡法中使用小茶壶时，需要格外注意出汤的时机，因为茶壶从出汤开始到完全倒干净，需要 5~10 秒的时间，工夫茶泡法每一次的浸泡时间本身就短，不注意的话就很容易把茶泡浓，因此实际过程中，需

| 茶壶 |

| 盖碗 |

要提前一点出汤，防止茶汤浓重苦涩。

茶壶的材质可供选择的有很多，如紫砂、陶、瓷、玻璃等，选择时注意拿取的手感，以及出水的顺畅程度，不可水流断断续续、有洒漏现象。

盖碗

茶和文化是分不开的，一些茶具中也蕴含着中国式的智慧，盖碗就是其中之一。盖碗又称三才杯。茶盖在上，谓之“天”；茶托在下，谓之“地”；碗居中，谓之“人”。天地人合一的智慧就蕴含在这小小的盖碗之中，更体现在品茶、赏茶的过程当中。

盖碗兼具茶杯和茶壶两种功能，可以直接在盖碗里泡茶饮用，也可以在盖碗里泡茶，然后分到品茗杯里多人饮用。作为茶杯使用时，多用来冲泡绿茶；当茶壶使用时，可以冲泡各种茶叶。

现在用的盖碗多为瓷质的，也有玻璃盖碗和紫砂盖碗。瓷质盖碗大都有各种花色，如青花、仿清宫黄色盖碗等。选择盖碗时应注意选碗沿有一定外翻弧度的，容易拿取，冲泡时不易烫手。

品茗杯

品茗杯是用来喝茶的杯子，专指工夫茶具中的小杯，适合小口啜饮。材质上紫砂、玻璃、白瓷、青瓷的较多；款式有斗

| 品茗杯 |

笠形、半圆形、碗形等，其中碗形的最为常见。

品茗杯的质地应当与茶壶相呼应。不同的品茗杯会因主人的心境、目的、喜好等而派上不同的用场，更讲究一点的爱茶之人，会有自己专用的品茗杯，带着主人的审美，更显独特的格调和韵味。

| 公道杯 |

公道杯

茶壶中冲泡出来的茶，上下浓淡不一，而且还可能有一点茶渣，这样不能让每个客人都喝到浓度一样的茶，需要将茶汤倒进容器里充分融合后，再分给客人，这个容器称公道杯，又称茶海。

茶壶中的茶冲好后应马上倒进公道杯，如果时间太长，茶汤会变得太浓。茶汤倒进公道杯后，等几秒钟让茶汤静止，就可以分到茶杯里了，这样可以保证每个茶杯里的茶汤浓度一致。

公道杯有各种质地，其中瓷、玻璃的公道杯最为常见。有些公道杯有柄，有些则没有，有些还带过滤网。在茶艺表演或进行工夫茶冲泡时，茶壶（或盖碗）、公道杯、品茗杯是三大主角，所以选择公道杯时要注意跟茶壶（或盖碗）和品茗杯匹配。一般来说，公道杯的容量应稍大于茶壶和盖碗，这样茶汤不会太满，便于分杯。

| 煮水器 |

煮水器

不同的茶需要用不同温度的水来冲泡，而传统的暖水瓶或煮水工具是难以满足需要的。煮水器可随时加热开水，以保证冲泡用水的温度，而且最好有温控功能，可以时刻保持水温恒定。

在古代，泡工夫茶烧水都是用风炉或者炭炉，现在我们使用电煮水器更方便。煮水用的壶有不锈钢壶、陶壶、耐高温玻璃壶等。当然了，如果你更喜欢炭炉的那种感觉，也是不错的，但要记得使用时打开窗户，保持室内通风。

| 茶盘 |

| 茶滤 |

茶盘

如果说泡茶是一场精彩的演出，我们的目光往往关注在演员的表演上，茶壶、茶杯、盖碗等“明星”纷纷登场，但是不要忽略舞台上的“背景”——茶盘。

茶盘就是放置茶壶、茶杯、公道杯等器具的浅底器皿。其作用，一是规矩茶具，二是承接洒出的一些茶汤、茶叶。

常见的茶盘以竹木质为主，也有其他一些材质如石质、金属、玉质等。不管什么样式、什么材质的茶盘，选择的时候只要把握三点：宽、平、顺就不会错。盘面宽，客人人数多，可以多放几个杯；盘底平，可以使茶杯稳，不易摇晃；排水顺畅，这样茶水直接倒在茶盘上，也不会积水而显得脏乱。

盛水的茶盘也不是每次泡茶都会用到，一般来说，干泡法不会用到盛水的茶盘，湿泡法才会使用。

茶滤

茶滤是泡茶时放在公道杯口，用来过滤茶渣，让茶汤更清澈的茶具。茶滤本身有各种材质，配有由不锈钢或尼龙布等制成的滤网。

茶滤并不是茶桌上必备的器具，如果觉得冲泡的茶叶没什么茶渣，或对汤色的清澈度不太在意，也可以不用。如果使用，则要注意过滤网的清洁，每次喝完茶，都要将茶渣清理干净，并且定期清洁过滤网，避免积累茶垢。

小知识

“干泡法”和“湿泡法”

干泡法一般不使用茶盘，废弃茶水直接倾倒在专门的盛水器里，这样可保持桌面干爽且易收拾。湿泡法就是在茶盘上清洗茶具和洗茶，弃水直接倾倒在茶盘上的做法。两种泡法最明显的区别就是，水能不能直接倒在桌面上。

用对这些茶具，让泡茶更有仪式感

除了前面提到的常用泡茶工具，还有一些茶具是不常用的，但对于爱茶之人来说也必不可少。这些物件小而精巧，如果使用正确，不仅有助于我们泡出一杯好茶，更能赋予泡茶一种仪式感，增添诸多情致。

| 茶荷 |

| 壶承 |

茶荷

茶荷形状多为有引口的半球形，以瓷质为主，也有竹、木、石、玉等多种材质。它的主要功能是盛放干茶供人欣赏。爱茶之人，品茶不仅是看茶汤、闻香气、尝滋味，干茶也需要先观察一番，除了欣赏外形的美感，还可以从茶类、形状等来判断之后如何冲泡。

请客人赏茶时，把茶荷置于虎口处拿稳，另一只手托住底部，手放低，呈于客人面前。拿取茶叶时，注意手不要和茶荷的缺口部位接触。

如果没有茶荷，可以用其他干净的小开口容器代替茶荷使用，如小碟子等。

壶承

壶承是专门放置茶壶、盖碗的器具，在干泡法（即省去茶盘，把弃去的茶渣茶水倒入专门的容器里的泡茶方式）中非常常见，壶承可以承水，保持桌面整洁干爽和美观。有的人喜欢泡茶时在壶外淋很多热水，让茶壶泡在水中，以保持壶温，这在潮汕工夫茶中特别常见。所以，壶承的形状以可盛水的碗形、盘形为主，通常还会在上面加一个壶垫，以免摩擦或磕碰。

在冲泡一些不需要高温的茶时，不需要淋壶，壶承的选择就更多了，甚至一块平平的石板、木桩也可以充当壶承的角色。

| 品茗杯与闻香杯 |

闻香杯

闻香杯一般只在欣赏茶艺或者品饮高级名茶的时候才出现，是用来嗅闻茶香的器具，不单独使用。闻香杯需与品茗杯配套，质地相同，加一茶托则为一套闻香杯组。

闻香杯比较小巧，杯身瘦高，杯口窄小，有利于聚集香气，久而不散。材质以瓷质为佳，因为闻香杯是用来闻茶香的，用紫砂材质的话，香气会被吸附在紫砂里面。如果喜欢紫砂或者陶质的闻香杯，在选择的时候，也要选择内部有釉面的。使用时将闻香杯的茶汤倒入品茗杯后，双手持闻香杯闻香，或双手搓动闻香杯闻香。

| 茶巾 |

茶巾

茶巾的作用是擦拭泡茶过程中茶具上的水渍、茶渍，特别是茶壶、品茗杯的侧面以及底部等容易有水渍和茶渍的地方。比如在茶盘上泡茶，品茗杯的底部经常会有水，递茶的时候会弄湿桌面，如果将品茗杯先放在茶巾上吸干水分，再递出去，就可以避免这个问题了。

茶巾不是抹布，只能擦拭茶具上的水或者茶汤，以及手上沾的茶水，茶桌上的其他杂物建议用另外的茶巾或抹布清理，否则可能会反过来污染茶具，影响品茶的洁净度。

茶巾要选择吸水性和透水性都很好的材质，纯棉质地的茶巾吸水后手感很差，反而不适合。茶巾在泡完茶以后需用清水漂洗干净，然后晾干，不要用洗涤剂清洗。

茶罐

茶罐

茶叶具有吸味、吸潮的特点，再好的茶，如果存放不当，也会很快散失掉它本来的香味，而专门储存茶叶的茶罐就可以很好地解决这个问题。平常用的茶罐最多的是不透光的陶、瓷、锡、铁等材质的，选择时要注意三点：

一是密封性要好。一方面可以隔绝空气，防止茶叶氧化，另一方面防止吸潮变质。罐身要完整密闭没有缝隙，罐盖和罐口要能紧密贴合，防止漏气。

二是无异味。茶罐本身不散发异味，且不容易吸收其他气味，比如塑料就容易有异味，而纸质的茶罐不仅可能有异味，还容易吸潮透水，不可直接装茶。

三是不透光。茶叶中的物质受到光照也会分解，所以长期存茶最好不要用玻璃茶罐。

茶罐使用有讲究

不同的茶类适用于不同材质的茶罐，如陶及紫砂罐透气性好，适合存放普洱茶或白茶，瓷罐密闭性好，适合绿茶、红茶、乌龙茶。

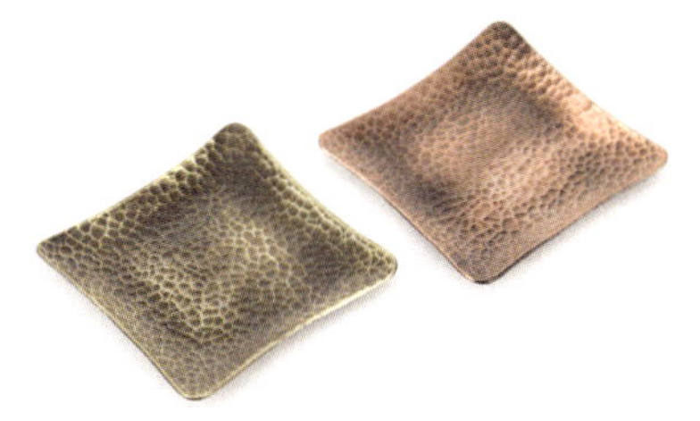

| 杯托 |

| 茶宠 |

杯托

杯托又称杯垫，有各种材质，在礼仪上可以起到规整茶杯的作用，茶艺表演中，茶艺师常端起杯托奉茶，这是避免碰触茶杯，给对方造成不洁的印象。此外茶杯中盛着热茶，加一个杯托可以防止将桌子烫出印记，非常实用。

盖置

盖置也叫作盖托，泡茶过程中用来放置壶盖，以防止壶盖直接与茶桌接触，造成磨损，也可以防止盖子上的水滴滴在茶桌上。盖置通常在使用紫砂壶泡茶时使用，因为紫砂壶的壶盖比较紧密，长时间轻微摩擦会导致紫砂壶的紧密性减弱。盖碗也可以使用盖置。盖置款式多种多样，有紫砂木桩、小莲花台、瓷质小盘等不同造型。

使用较好的紫砂壶时，如果没有盖置，可将壶盖倒放或者放在软一点的杯托上。

茶宠

茶宠是喝茶时茶桌上可供把玩的小摆件。茶宠可以装点美化茶桌，有的还经过特殊设计，淋上茶水后会变色、喷水等，给泡茶增添了乐趣。用紫砂、陶制作的茶宠经过养护，也会变得更好看，经过热茶的冲洗和擦拭后，时间越长，表面会越润泽光滑。

从形象上看，茶宠有人物类的，如小孩、弥勒佛等；有动物类的，如牛、金鱼等；有建筑类的，如宝塔等；还有一些吉祥神兽类的，如貔貅、麒麟等，有吉祥的寓意。我们可以根据个人的喜好，选择不同的款式。

怎样选一把适合自己的紫砂壶

制陶、制瓷的好土有很多种，为什么只有紫砂壶一枝独秀，获得爱茶之人的青睐呢？紫砂壶之所以受到茶人的喜爱，一方面是由于其造型美观、风格多样，另一方面也由于它在泡茶时的许多优点。

茶汤养壶，壶蕴茶香

紫砂壶与茶可谓是天然的搭档，用紫砂壶泡茶可以蕴茶香，反过来，茶汤又可以养壶。经过长时间的使用，紫砂壶不断吸收茶汁，泡出来的茶会越来越香，紫砂壶本身的色泽也会越来越润泽光亮。长久使用，器身会因抚摸擦拭而变得越发光润可爱、气韵温雅。

紫砂土的结构比较独特，使做出来的紫砂壶具有良好的透气性，用来泡茶，既不夺茶香，又没有熟汤味，使茶汤可以更长久地保持原味。

如何选一把心仪的紫砂壶

选择紫砂壶的时候要关注以下几点：

看泥质是否温润

挑选紫砂壶，首先要看泥质。无论是哪种泥色，泥质看上去都应当是纯净温润的，色泽应当是鲜洁的。好的紫砂泥应当是“色不艳、质不腻”。

看壶纽、壶把是否好拿

好看固然重要，但称手更重要，这主要看壶钮和壶把。壶钮的作用是为了拿取壶盖方便，按形状可分为圆纽、环纽等，也有一些别致的造型，如鱼纽、狮纽等。壶把则是拿壶时最主要接触的部位，有圆形、三角形等，也有一些经过设计的花式造型。买壶的时候最好亲手试一下，看壶钮和壶把是否顺手。

看壶盖是否紧凑

一手持壶，一手轻轻按住壶盖旋转，好壶会稍有吃力，但用力均匀，如果感到时紧时松或根本不着力，说明壶盖和壶的接触有问题。方形紫砂壶和筋纹紫砂壶，从各个方向盖下壶盖，都须与颈肩吻合。

检查气密性是否好

紫砂壶一定要选气密性好的。向壶中倒一些水，然后盖上盖子，拿起壶将水倒出时用一根手指堵住气孔。如果水在

| 好紫砂壶的几个要素 |

壶中无法流出，则说明气密性好，如果有水从壶嘴漏出，则说明壶盖和壶身之间漏气。

检查通气孔是否通畅

仔细观察壶盖上的小通气孔是否通畅。

看底足是否平整

把紫砂壶放在玻璃面上或平整的桌面上，看是否平稳。

摸壶身是否有瑕疵

用手抚摸壶身，可以发现一些肉眼不易察觉的瑕疵。

闻壶身是否有异味

新的紫砂壶闻起来会有一点土气味，如果闻起来有油漆味或者其他气味，说明陶土中添加了化学成分，属于劣质壶。

试出水是否顺畅

在壶中倒入热水，然后向外倒，直到倒空。观察流出的水柱，水柱集束柱越长越好；如果集束柱较短或一流出壶嘴就出现溅射或打旋，冲泡时水很容易洒在茶桌上。另外，倒水过程中把壶持平，如果壶口滴水或挂水，用的时候也会造成不便。

别把好壶养废了

壶如人，既简单又复杂，你对它的态度与方式正确了，它会不辱使命，为你奉上一泡好茶；若你不小心疏忽了，没有照顾好它，它也能坏了你的雅兴。

养壶一般说的是紫砂壶。紫砂壶的透气性和出茶的特点，决定了它比其他壶更需要精心养护。

几种错误的养壶方法

养壶是由紫砂壶的材质特点决定的，使用正确的方法养护，可以使泡出来的茶越来越好喝，同时也能使壶外观更润更美。但若是用了错误的方法养壶，则不仅伤害了壶，对茶也有影响。

光淋不擦

有的人习惯泡茶时将茶汁淋在壶上，但从来不擦不刷，认为壶多淋茶汤，就能多吸收，容易形成包浆。殊不知，久而久之，壶外壁就形成了一层不均匀的茶垢，使壶表面变得腻黑而无美感。

干擦

有的人习惯于在壶干的时候用茶巾反复擦壶身，以为能越擦越亮，其实这样摩擦是在伤害壶体。擦壶时需要在壶还湿着的时候进行，这样才能让壶充分吸收茶汁。

手擦

有的人喜欢直接用手去摩擦把玩茶壶，以为这样能像盘核桃一样让壶尽快形成包浆。但手上的汗、污垢等会随着摩擦把玩进入壶体，会影响茶味。即便手很干净，摩挲也很难做到均匀，形成的包浆也不均匀。

泡壶

有的人为了快点把壶养出光泽，长时间将茶渣茶水留在壶中，甚至将茶壶泡在一盆茶汁中。这样当然能让壶很快吸足茶汁，但养出的光泽不持久，而且长时间泡水会让壶无法“呼吸”，甚至会产生馊臭味。

紫砂壶应该这样养

烫壶洁具

在开始泡茶之前，我们要先用热水烫一遍茶壶，净壶去闷，暖壶醒味，相当于提前消毒，而且茶壶烫过之后，能够更好地保留茶汤的味道与色泽。

淋壶擦壶

泡茶的时候，水的温度很高，壶身会跟人体一样全身毛孔张开，水汽会渐渐渗出在壶的表面。用茶汤浇淋之后，要用细软的棉布或者茶巾轻轻擦拭壶身，这样茶壶能够更好地浸润茶汤的色泽，变得更加莹润。

及时清洗

喝完茶应该及时将茶壶中的茶叶残渣倒掉，并对壶内进行清洗，避免滋生细菌、产生异味。切不可用洗洁精等清洁用品清洗茶壶，否则不仅会洗掉包浆，染上异味，还会影响茶壶的使用寿命。

可以在清理壶内的茶叶后，倒入热水清洗，用茶巾擦干净壶内外残留的茶水，待壶表面水分晾干后再收起来。

换壶休养

壶和人一样，工作时间长了也需要休息。紫砂壶泡茶一段时间以后，其中吸收的茶味会达到极限，透到壶表发出润泽如玉的光泽，这时候需要把茶壶擦干净，让它“休息”两天，等到彻底自然干燥，再拿来继续冲泡，这样壶才可以继续吸收，壶的表面才会更润泽。

专壶专用

不同的茶有不同的茶香，即使是同一大类的茶，因为品质不同、产地不同，也会有不同的香味。用紫砂壶泡不同的茶，这些茶味都会进入紫砂壶中去，导致串味，所以一把紫砂壶最好只泡一种茶。一壶事一茶，严格区分，才能品到最佳的茶味。

| 淋壶 |

怎样开壶

拿到一把新壶，在泡茶之前，很重要的一项工作就是开壶。这是养好一把紫砂壶的第一步。

关于开壶的方法，网络上介绍有豆腐开壶、甘蔗水开壶等。我们都知道，紫砂壶有独特的双气孔结构，因此具有很强的吸附性。如果用豆腐煮，豆腐残渣会很容易堵塞紫砂壶的双气孔结构，在壶的表面更是会残留一些白色痕迹，很难清除掉。

其实最简单的开壶方法，就是将壶冷水下锅，完全浸泡在水中，将水加热煮沸后转小火煮 10 分钟，取出擦干净即可。经过这样处理，新壶的透气性完全被激活，就能充分地“呼吸”了。

| 开壶的步骤 |

① 冷水下锅
② 加热煮沸
③ 小火煮 10 分钟

茶具清洁，让你的茶桌焕然一新

茶具用久了难免被茶垢附着，如果不注意清洁晾干，不仅会影响茶的味道，还容易滋生细菌。不洁净的茶具，也会令品茶的心情大受影响。所以，把茶桌清理得干干净净，也是喝茶必不可少的程序。一个人的生活状态、精神风采，往往也能够通过茶桌展现出来。

茶壶、茶杯

茶壶、茶杯是直接接触茶汤的，而茶汤是要入口的，所以每次用完都要及时用清水洗净，最好再用开水烫一遍，并放在通风处晾干。下次使用之前再用开水温热一遍，洗去浮尘。

除紫砂和陶类以外的茶壶、茶杯，若沾染了茶垢，可以使用专门的茶垢清洁剂浸泡，无需刷洗即可洗得干干净净，也可以利用生活中一些常见的物品轻松去除茶垢，例如，使用做面食用的小苏打粉，倒一点在想去除污渍的地方，用抹布擦一擦，可以轻松除垢。

玻璃杯上的茶渍可用牙刷蘸牙膏刷洗干净。

需要注意的是，网上流传的碳酸饮料除茶垢的方法不科学，虽然也能除掉茶垢，但饮料里往往含有糖浆、香精等物质，容易沾在壶上，影响茶味。

茶巾

在潮湿的环境下，毛巾非常轻易地就成了微生物寄生的温床，茶巾也是这样。保持茶巾清洁需要做好三点：

（1）每天使用后，将茶巾用热水单独冲洗并晾干。

（2）使用一段时间后，用洗涤剂做一次彻底清洁。

（3）像普通毛巾用品一样，如经常使用，最好 2~3 个月换一条新的。

紫砂壶切不可用左栏介绍的各种方法清洁，只要注意每次用完后及时清洗，用开水烫一遍晾干即可。用洗涤剂或刷子刷洗，会留下异味，还会伤害壶的包浆。

茶滤

茶滤细密的网布上很容易残留茶渣，我们常常会用开水冲掉肉眼可见的残渣，但是还有很多看不见的茶垢。特别是带有一层尼龙滤网的茶滤，由于滤网更细，更容易堆积茶垢，滋生细菌。

清洁茶滤，可以用软毛牙刷蘸上小苏打，轻轻刷洗。金属茶滤沾染茶垢会明显变色，用白醋浸泡半小时后，再用牙刷刷洗，可令其焕然一新。

茶滤滤网使用时间长了会老化，要及时更换。

茶道六君子

茶道六君子（茶夹、茶则、茶漏、茶针、茶刮、茶桶）使用时，边角难免有浮灰累积。特别是茶筒内壁，一般情况下大家很少会关注。没有晾干的用具直接插进茶筒，湿润封闭的环境会成为细菌的温床。所以，茶桶内壁一定要定期清洗并晾干。每一件沾湿的工具，都要清洁晾干后再放入茶筒，避免干湿混放，确保茶筒内壁干燥。

如果是竹制器具，不可用开水冲洗，也不可暴晒，用干净的湿毛巾擦干净并晾干即可。

茶盘

无论是储水式茶盘还是排水式茶盘，边边角角都很容易堆积茶垢，很不雅观。排水茶盘的排水管和接水桶，平时很容易被忽视，要定期清理，以免堵塞和滋生细菌。

每次泡完茶之后，把茶具收拾好，台面用湿抹布和干抹布各擦一遍。

茶盘的缝隙、边角，定期用牙刷蘸少许小苏打刷洗，并用清水冲洗干净。

茶盘水管可用粗铁丝疏通，或投入专门的茶垢清洁剂，注入几次热水即可。

刷茶滤

清洁茶盘

学会这个拿盖碗的手势，不烫手还好看

爱喝茶的人总会用到盖碗，但第一次用盖碗泡茶的人，通常都会有个比较深的记忆，那就是烫手。盖碗泡茶烫手有两个方面的原因，一是器型选得不好，二是泡茶的方法不对。

选对了，才不会烫手

盖碗烫手有很大一部分原因是没选好，所以买对盖碗是不烫手的第一步。

盖碗不要买碗壁过厚的，因为壁再厚也不会帮你隔热，相比轻盈薄巧的盖碗，笨重的厚盖碗拿不稳，倾倒茶汤时容易重心滑动，造成烫手。

器形方面，要选那种边缘有外翻弧度的。碗沿宽，弧度大，盖子盖得低，使用时手指离水就比较远。

这样泡茶不烫手

盖碗设计的时候不是严丝合缝的，盖与碗之间会留有缝隙，将盖子稍微倾斜，方便水流倾泻和气体逸出。

右图中盖钮上部和盖碗边缘是隔热区。注入开水后，将中指和拇指放在盖碗边缘，食指搭在盖钮上部。三个手指与盖碗接触的点连成一条线，盖碗的重心就在这条线上。

将盖碗拿起后，拇指与中指发力，食指向下轻压盖钮上部避免滑落，调整食指力度将盖碗重心控制在盖碗前 1/3 处，这样既可以保持水流稳定，也不会烫手。

容易被烫到的几种错误手法：

食指扣错位

| 食指扣位错误 |

| 食指扣位正确 |

拇指中指抱错点

拇指中指抱点错误

拇指中指抱点正确

缝隙太小

盖子缝隙错误

盖子缝隙正确

其实用盖碗泡茶时，被茶水烫着的概率很小，更多的情况是被水蒸气烫到。在倾倒茶水的时候，水蒸气会从盖碗后方的缝隙里逸出，此时如果虎口紧贴着盖碗边缘，就会被水蒸气烫到。同样是100℃，水蒸气烫到会比水烫到要更疼。

上述盖碗泡茶避免烫手的方法，总结起来就是三点：缝隙开适度、食指不扣盖钮、只抓盖碗边缘。

刚开始学时，可以选择小一点的盖碗，少倒一点不烫的水来训练，这样容易把控住碗，学起来更能得心应手。

小知识

用盖碗泡茶，很多人出汤时不知道小指该怎么放，或者将小指翘起来，这样看着是比较优雅，但若是指向客人则是不礼貌的。正确的手势是保持自然弯曲。

专题一 了解几种小茶具，像茶艺师一样泡茶

除了冲泡器具，泡茶需要用到的工具还有很多，特别是在茶道中，必不可少的就是茶道组。茶道组通常包含茶夹、茶则、茶漏、茶针、茶刮、茶桶，也称为茶道六用。

在泡茶过程中，我们很容易“无视”这些工具的存在，由于这种“不争”的品性，它们又被称为“茶道六君子”。

茶道六用属于泡茶时的辅助工具，为整个泡茶过程的雅观、讲究提供方便，所以并不是每次泡茶都会用上。

茶则

茶则看起来像我们平时使用的汤勺，它的功能也像勺子一样，把茶叶从储存器具中盛到茶壶当中，同时还有计量的作用。使用方法是将茶叶罐倾斜，靠近茶壶口，用茶则从里面量取茶叶。

茶漏

茶漏看起来像个下沿比较宽的漏斗，用来放在茶壶口上，这样投茶时茶叶就不容易散落在外面了。茶漏也不是每次都必须用到的茶具。

茶匙

茶匙的外表看起来像很小的汤匙，它的功能和茶则一样，也是把茶叶从容器中转移到茶壶中。有些时候不方便用茶则，如取小的真空包装中的茶，这时就使用茶匙。具体方法是，将盛茶叶的容器口靠近茶壶口，用茶匙把茶叶拨到茶壶中。茶匙也可用来清理附着在茶壶底部的茶叶。

茶夹

茶夹的作用是夹取茶杯。一是温杯的时候夹住茶杯，让热水浸润整个杯子，二是客人品完茶以后不能直接用手拿杯子，而要用茶夹把杯子取回来。

茶针

有时候茶壶的壶嘴会被茶叶堵上，这时就需要用茶针来清理。茶针多为木质，现在也有很多木柄、尖端为聚酯材料制成的茶针，强度更高。

| 茶则 |　| 茶夹 |

| 茶漏 |　| 茶针 |

| 茶匙 |　| 茶筒 |

茶筒

茶筒的功能是用来放茶则、茶漏、茶匙、茶夹和茶针。茶筒多为木质或竹质，具有观赏性。但茶筒本身没有防尘功能，所以里面的茶具应经常清洁，每天泡茶结束后要冲洗一下，再用茶巾擦干净。

小知识

取放茶道六用时，不可手持或触摸到用具接触茶的部位。这样既保证茶的卫生，也使得喝茶的客人能够安心。

读完本章有任何疑惑
可随时扫码提问

如何品味一杯茶

扫码查看
本章更多话题

一看就清晰的品茶维度

茶的品质高低，是由茶树品种、生长环境、制茶工艺、存储方式等共同决定的。有一个有趣的说法是，会喝茶的人喝一口茶能说出很多它的风味特点，但是不会喝茶的人只会说：好喝！

这其实是喝茶的方式问题。如果是专业的评茶师，从看到茶叶的那一刻起，他们就在脑子里将茶叶分成了一个个小模块，逐个评判，对号入座。

| 普通消费者喝茶 |

| 评茶师评茶 |

在评判一款茶的品质时，我们会一步步来，调动身体的各个感官，主要从以下五个维度进行：

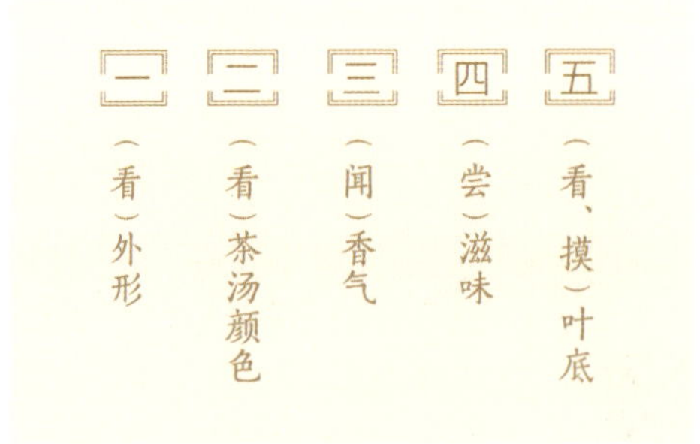

每一个维度在思考的时候，又会有几个方面，就像大树的树根一样，逐渐往下延伸。在喝完每一款茶之后，都能做到“心里有数”。

接下来我们会将喝茶的各方面技巧逐一分解。相信看完之后，你也能掌握像评茶师一样的喝茶技巧，品味到一杯茶的美好。

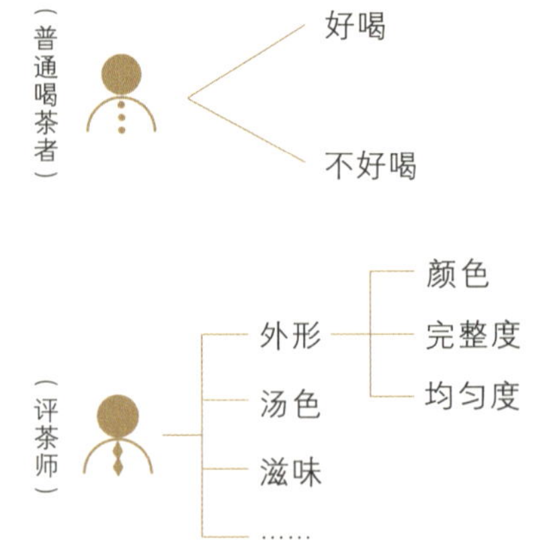

干茶的信息

在泡茶品茶之前，茶叶仍然是干燥的状态，我们称之为“干茶”。很多有经验的茶友，仔细观察一下干茶，就能对号入座知道是什么茶，并对茶叶的品质做一个初步的判断。

在观察干茶的过程中，我们可以从以下几个方面发现一些问题的来源：

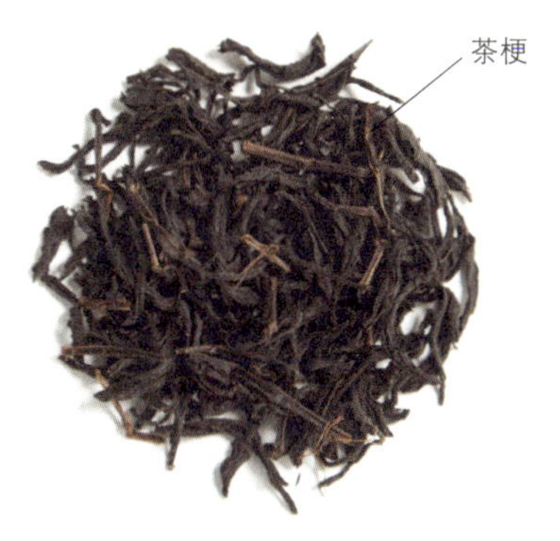

| 茶梗过多 |

| 碎末过多 |

均匀度

茶在制作完成后，大多会经过筛选分级，去掉加工时产生的碎末，同时将长短、大小不同的区分开，这样有利于口感统一，且方便冲泡，同时也更美观。

将茶叶倒入一个白瓷盘，稍加摇晃使之均匀铺开，我们就能够观察它的均匀程度。如果是大小不均，碎末过多，说明制作不太精细，等级上也就不会很高了。同时还能看出采摘的问题，一些细嫩的茶，如果出现粗老的茶梗，也是不太正常的，说明其原料不够好。

此外不能有非茶之物，比如石子、竹片等，如果遇到需要格外注意。通常是一些加工流程不完善、卫生条件堪忧的茶会出现这种情况，应避免购买。

| 正常的茶 |

（颜色鲜活，气味正常）

| 发霉的茶 |

（颜色发白、发暗，有霉味）

颜色

从茶树上采摘下来的鲜嫩叶片多是绿色的，但经过加工制作后，会呈现出各种各样的颜色，体现它的发酵度或烘焙度。无论是绿色、黄色、红褐色、银白色，都是正常的，只要符合对应的茶类特点就好。色谱中除了蓝色不会在茶中出现，其他颜色都可能出现在茶中。

一般我们要求茶的色泽也是均匀的，不能看起来很花杂，尤其对红茶、熟普等发酵茶类来说，这是发酵均匀度的体现。但也有很多例外，比如很多带芽的茶，因为茶芽的毫毛比较多，会有其他的颜色，像很多滇红我们都能看到其中的金毫，这是很正常的。

此外，台湾的东方美人茶和一些原料粗老的白茶等，会有红、绿、白多种颜色，是因为原料和特殊工艺所致。

无论什么样的颜色，都不能有焦斑、霉点等偏离正常颜色的现象。焦斑主要在需要杀青炒制的茶中出现，温度过高或局部炒制不均，就会有黑色的焦斑。霉点就更要命了，可以直接观察到，摸一下很容易擦拭掉，这种情况就说明茶叶已受潮变质，绝不能再喝了。

形状

茶的形状都在加工过程中完成，不同的茶类对形状都有特定的要求，以形状完成度、紧致还是松散、老嫩等来判断。

西湖龙井要求是薄片一样的扁形，碧螺春是卷曲的螺形，台湾高山茶是紧缩的球形，大红袍是条形，等等，形状上满足各自茶种的要求即可。通常情况下，以紧致、均匀为好，粗松、杂乱为差。

当然最重要的是，通过观察茶的形状，能够帮助我们怎么泡茶。紧致、紧缩的茶通常前几泡浸泡时间要长一些，让茶叶有充分的时间舒展，茶味也更足一些。

另外，我们在形状上能直观地看到茶

叶的嫩度，细嫩的茶芽头明显，茶叶细致；较老的茶形状粗老，叶片较大。这在冲泡上可以指导我们的水温，越嫩的茶水温越低，越老则可以越高。

干茶香气

最后，我们可以凑近闻一闻茶的干香，也可以在泡茶的时候用热水温一下茶具，再将干茶放进去，香味会更明显。当然，真正对茶叶香气的捕捉，会以后面冲泡的时候为主，这里只是辅助，感受一下香型。

香气方面，不能有茶香之外的异味，比如潮湿气（梅雨季节、回南天时东西受潮的味道）、霉味、酸味（变质产生的刺激鼻腔的酸味）等。

干茶的均匀度、颜色、形状、香气，是品质的重要因素

茶汤的颜色

一杯茶泡好摆在我们面前时，直观呈现的就是茶汤的香味和颜色。一般情况下，我们都是直接拿起茶就喝了，但如果我们用三四秒的时间，快速观察一下，然后拿起杯子闻一闻再喝，就会发现一些平常不会太注意的细节。

认真地喝茶，就是要调动身体的各个感受器官，看一看，闻一闻，尝一尝。日积月累，有一天你会发现，自己对茶桌上的茶又有了新的认识。那么，在喝之前，通过茶汤的颜色都能发现什么秘密呢？

绿黄红褐，到底是什么颜色

通常来说，茶汤的颜色能给我们两个信息，一是可以帮助我们判别浓淡，二是可以告诉我们这款茶是什么风格。

浓淡是最容易的，无论懂不懂茶，一般人从茶汤颜色的深浅，就可以判断这杯茶大概的浓度。但更高水平的，能看出它大概的发酵度。一般茶汤颜色的规律是：

偏绿的茶，比如绿茶和清香型铁观音、台湾高山茶等，一般发酵度低，清爽自然，爽口甘甜。偏红的茶，比如红茶、老白茶等，一般发酵度高，走向温和醇厚的风格。加上细嗅茶香，这款茶的类别、可能的口感等初步印象就有了。后面入口品尝，也就对它的全面形象有了基本的构建。

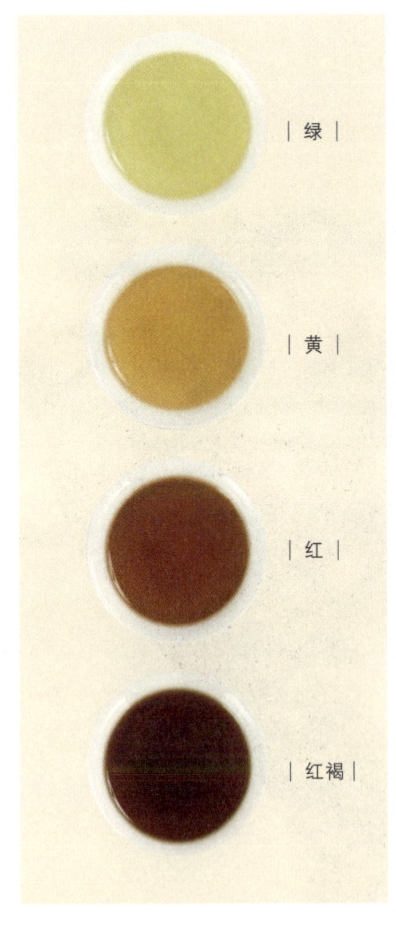

是明亮还是暗沉

这一点会比较微妙，我们上面说的茶汤的颜色，其实是茶叶内含的天然色素表现出来的，这和茶叶制作的工艺有很大关系。如果一些比较明亮颜色的物质多，比如茶红素、茶黄素等，无论茶汤是什么颜色，看起来都会很鲜艳。反之，暗色物质多，比如茶褐素多，茶汤看起来就会暗沉。

是清澈还是浑浊

我们看到清澈的湖水，心情都会变好，可是看到一滩浑浊的水可能就不会了。对茶来说，一般以清澈为好，透光度很好，视觉效果也会赏心悦目，但有两种情况除外：

第一，茶叶较嫩，茶毫多。比如绿茶中的碧螺春，红茶中的金骏眉，白茶中的白毫银针，采摘的都是细嫩的茶芽。茶芽上的毫毛一般会比较多，这是氨基酸含量高、滋味鲜爽的表现，但茶毫在冲泡的时候会在热水的激荡下，脱落到茶汤里，看起来好像略有浑浊，其实是正常现象。

第二，是冷后浑现象。茶里的茶多酚和咖啡碱会溶于热水，但温度下降之后会凝结成絮状的沉淀。对健康无碍，如果温度升高则会恢复原状。

想必看到这里，你会惊讶一杯普普通通的茶，竟然蕴含着这么多细节。也正是在这些细节上努力做好，一款茶才会成为大家钟爱的好茶。喝茶时只要多花几秒钟观察，就可能会收获茶里更多有趣的知识。喝茶，就是如此乐事一桩。

| 浑浊的茶汤 |

| 清澈的茶汤 |

小知识

茶中含有多种天然色素，其中不溶于水的脂溶性色素，是干茶和叶底色泽的主要成分，如蓝绿色的叶绿素 a、黄绿色的叶绿素 b、橙红色的胡萝卜素、黄色的叶黄素等，这些是茶本身含有的。

可以在水中溶解的水溶性色素，则是茶汤色泽的主要成分了，有黄色的花黄素、紫红色的花青素等。还有一些在茶叶加工过程中产生的，如深红色的茶红素、黄色的茶黄素、褐色的茶褐素等。茶色素对人体十分有益，多具有抗氧化、抗菌消炎等作用。

茶这么香，是不是添加进去的

茶叶的香和味是喝茶人最看重的品质，尤其以香最先被感受到。热水和茶交融的那一刻，香气涌出，沁人心脾。之所以要先闻香，是因为香气散得很快，趁热闻香，更能准确地捕捉茶香。

有时我们会怀疑，这一片片叶子怎么会有如此浓郁的香气，而且似花似果。是天然的香吗，还是制作的时候添加进去的？研究表明，茶叶中有 700 多种芳香物质，我们在正常制作的茶中喝到的香味，都是天然存在的。

茶香的三大影响因素

茶树品种、生长环境、制作工艺，这三者共同决定了我们在喝茶时闻到的香气。

茶树品种：不同的品种会带有特别的香，比如武夷山肉桂品种的桂皮香、白叶单丛的蜜香、台湾金萱的奶香等，我们称为品种香。

生长环境：茶园如果和果树间种，茶叶就可能带有特殊的果香。如果是种在竹林、苔藓多的深山中，茶叶常常就会有一种清爽的风味。由纬度、海拔以及光照、空气、水土等构建的环境因素是三大要素中最难复制的，这也是某些茶叶稀缺性的重要因素。因环境而带来的香气风格，我们称为地域香。

制作工艺：发酵度、烘焙、日晒、后期陈化等工艺环节都会把茶的香味带到不同的方向。绿茶杀青后的干燥，可以产生豆香、瓜子香、板栗香等；岩茶的烘焙就像烤面包一样，可以让茶叶产生烘焙味、熟果香等，我们称为工艺香。

具体闻香方法

每一泡都可以闻盖香（冲泡时盖碗盖子上留存的香）、汤香（茶杯里茶汤的香），不可直接对着热腾腾的叶底闻，因为闻到的都是热熟味，且容易被热汽烫伤。茶凉之后，可闻杯底香（喝完之后杯底留存的香）和叶底香（盖碗中滤出茶汤后的茶叶香）。需细细辨别香气纯度、香气高低、香气持久度、香气类型等。

纯度

纯度指香气是否纯净，有无异杂气。异杂气是指茶香中不属于茶本身气味的东西，主要是加工和储存过程中产生的不愉快气味，比如烟气、焦气、闷气、陈气、霉气味等。

高低

指茶香的高扬与低沉。高扬的香气扑鼻而来，而低沉的香气则偏淡，香气不明显。

持久度

通过多次冲泡，可以明显看出茶香是快速减弱消散，还是比较持久耐闻。需要注意的是，茶香并不是一成不变的，构成茶香的物质有数百种，因此在冲泡过程中，各种成分的比例每一秒都在发生变化。有点像香水中的“前调、中调、后调”的变化，但不论怎么变化，都需要能持续被闻到。

香型

对香的形容比对味的形容要难。描述味道我们会说酸、甜、苦、辣等很多，但描述香气的时候，我们除了浓、淡、香、臭，好像很难讲得更细致、更具体。

其实我们可以用身边常用、见过、闻到过的东西，比如苹果香、新鲜木材的香、巧克力香、青梅香，等等。大家可以结合自己的生活经历，去联想生活中的事物，就会更好形容了。

专业上，我们也会选择大家普遍都有认知的事物来描述茶叶的香气，比如板栗香、枣香、烘焙味、蜜香，等等。可如果我们说某款茶有“南方的夏天太阳晒在阳台花盆上的味道”，那可能大家就要头晕，完全不能理解了。

在红茶发源地武夷山桐木村，上百年的茶树都生长在野生森林中，有别处没有的香味。当地人形容这里的正山小种茶有“木质香”，就是新鲜木材的味道。

茶的香，不仅是品质的象征，更能令人精神愉悦。如果你想品味它，又能在和朋友喝茶聊天时展现你对茶叶的了解，可以在日常积累你的嗅觉和味觉经验，喝茶时慢慢就能对应上准确的描述了。

绿茶的清香味淡雅悠长

茶的滋味

滋味可以说是茶叶品质最重要的一点，茶的本质是健康饮品，好喝是第一要务。在闻过茶香之后，一泡味觉出色的茶，能够迅速霸占我们的口腔和内心，也让我们对这款茶的核心有了彻底的了解。

具体的品鉴要点跟香气描述有异曲同工之妙，但关键点稍微多一些。平常在喝茶的时候，可以连续注水冲泡，直到茶味淡薄如水为止。如果想细细品味，可以将嘴巴稍微运动起来，将茶全面覆盖到你的舌面和口腔的各个角落。

如果我们对茶比较了解，或与专业的朋友一起喝茶，会发现他们总是每喝一口都发出很大的声音。其实这叫“啜茶”，通过用力吸吮，让茶汤快速穿过齿缝，形成雾状充满口腔，来充分感受茶的风味。这是一种在深度评鉴时才会使用的方法。日常喝茶可不必使用，只要让茶汤充满舌面即可，否则声音过大，还可能会呛到。

| 先闻茶香，再品滋味 |

关于茶的滋味，要注意把握以下几个方面：

纯度

和香气一样，纯度指的是滋味是否纯净，有无异杂味。主要也是加工过程或存储过程中产生的气味，比如霉味、焦味和由于杀青或揉捻没处理好形成的青味。

浓强度

浓强度很好理解，是茶汤内含物质浓度的表现。我们喝茶就是在喝叶子里面有益的内含物，如果内含物很多，则说明“库存充足”，能够满足我们的饮用需求，这也是茶叶耐泡度的基础。

厚度

厚度是指茶汤的稠厚感，一般人常常会将其与浓度搞混。其实浓度就像一杯纯盐水，盐的多少代表它的浓度高低，但加再多盐都还是单调了点。而厚度则是一碗高汤，里面除了盐还有氨基酸、微量元素等其他很多物质，会给你一种很丰富、厚实的感觉。茶也是一样，不同物质含量多且均衡，就会给我们的味觉带来更多的享受，而没有厚度的茶喝起来寡薄，如水一般。

苦涩度

很多人觉得苦涩度是不好的，但其实它也是茶的必备要素，茶中有益物质中最重要的物质，比如茶多酚就是苦涩味的，咖啡碱也是苦味的。因此，完全没有苦味不仅是不好的，也是不现实的。不过我们学会制茶之后就在和苦味作斗争，毕竟大部分人都觉得苦味不愉悦，甜一点才好。

还好茶叶中还有很多甜味、鲜味的物质，它们和苦涩味融合起来，让苦变得并不那么令人讨厌。喝茶时有轻度的苦涩，会让味觉更丰富，但不可一直留在舌面和口腔里，让人难受，这就是“苦要化得开”的意思。有些朋友因为喝茶很多年，对茶的苦味耐受度越来越高，还有一些年纪稍长的茶友味觉不够敏锐，习惯喝比较苦的茶，也是正常现象。

甜度

甜度应该是茶中最愉悦的味道之一了，不过茶的甜并没有糖水或蜂蜜那么强烈，而是一种温和的甜，主要由茶叶中的可溶性糖和氨基酸来表现。在无添加的情况下，甜度越高越好。

鲜度

鲜度是指茶的新鲜爽口感，这和茶中的氨基酸有很大关系，很像我们熬汤的过程中产生的鲜味。一般茶叶越嫩，产地海拔越高，尤其是春茶，会有非常明显的鲜爽味。鲜度越高，茶叶品质越好。

回甘

回甘是指茶的苦后回甘，前面说苦涩度时提到过“苦要化得开”，也就是化成了甘甜味。其实这是一种甜感，并不是真正的甜味，是我们的味觉在经受茶叶轻度苦涩刺激后获得的一种反差感。如果苦味过重，或者滋味寡淡，都体现不出回甘的特别感受，后面我们会专门讲关于回甘的内容。

回甘往往伴随着生津，也就是口腔分泌了唾液，嘴里会有很水润的感觉，更舒服。因此，生津回甘快也是好茶的特点。

特殊风味

茶树的品种、生长环境、制作工艺等会赋予每一种茶特别的味道。比如传统烟熏的正山小种有桂圆的味道，人称“松烟香、桂圆味”；有一种制作武夷岩茶的茶树品种叫“肉桂”，制作出来的茶不仅有桂皮香，前几泡的滋味还有一种微妙的辛辣感。一般有这些特殊风味的茶，都是在品种、产地、工艺上有些过人之处的，遇到的话可要细细品尝。

耐泡度

和香气一样，滋味也需要在很多泡之内保持味道。一般耐泡的茶不会在 7 泡之内就没味，也不会有品质突然下降的现象，会有一个风味变化的曲线。前 3 泡茶叶浓度逐渐上升，随后达到最佳口感，再缓慢下降，最后剩下清淡却依旧甘甜的味道。这个曲线持续得越久，就越耐泡。

当然，如果泡茶的杯子较大，加上浸泡时间长，2~3 大杯就没有太多的味道也是正常的。

以上这些茶的特性，我们刚开始喝茶时还不易掌握，可以主要围绕茶味是否纯正、茶味浓淡与否、回甘好不好这几点去体会。大家对照这几点来品味一款茶，相信就会比之前有更全面的认识。

叶底的信息

叶底就是冲泡完茶叶之后剩下的茶渣。看叶底在日常饮茶中不是特别重要，基本都是在专业审评中观察，辅助我们判断茶叶好坏的细节。如果你愿意体验一下，可以按下面的几点，来看看叶底中隐藏的信息，也会帮我们更好地理解茶。

将泡完的茶叶倒在盖碗的盖子或白瓷盘上，把叶片铺开观察，并且捏一捏茶叶，把握好叶底的颜色、外形、手感。

颜色、外形

观察叶片的颜色，可以看出有无焦叶、红叶等，色泽是否均匀，以及是不是有光泽。一般以无焦叶、红叶，色泽均匀有光泽为好，颜色杂乱、暗沉为差。不过乌龙茶因为其特殊的摇青工艺，叶底会呈现绿叶红镶边的现象，这是正常的。

外形均匀也很重要，除非是特殊的碎茶，否则不能有太多碎末，叶片是相对完整、大小接近的。而且茶叶因为都泡开了，很容易看出叶片的老嫩、茶芽的多少、茶梗的多少，等等。

手感

判断手感需要我们直接用手去捏一捏、搓一搓，并且可以拿起几片茶叶，感受一下厚度、韧度、弹性、黏度。如果叶底有韧性、弹性，说明其品质不错，叶厚而黏说明其内含物质尤其是果胶质含量丰富，通常茶汤也会比较稠厚。叶片柔软说明嫩度好，反之粗糙感明显则说明原料较老。

因为这一过程会把手弄湿，而且如果有客人的话会有些奇怪，日常在家里或是去茶馆喝茶，我们不会去注意叶底有什么特点。不过它确实可以帮我们更全面地了解一款茶，如果你还没感受过，可以像上面说的那样，体会一下茶的“质感”。

好茶的叶底外形均匀、完整

喝茶为什么会有回甘

品质好的茶一定会有回甘

有个成语叫“苦尽甘来”，用来形容茶特别合适。人类在刚刚发现茶时就将鲜叶放在嘴中咀嚼，虽然当下苦涩，却可以让精神振奋，随后口腔内不断生津回甘，成为进山打猎必须认识的神奇植物。

到了现代，人们喝茶聊天时，依然将“回甘”作为好茶的评价标准之一，可苦味怎么就变成了甜呢？

浙江大学茶叶研究所所长王岳飞教授曾表达了自己的观点：“茶叶中含有茶多酚，它可以跟蛋白质结合，在口腔内质形成一层不透水的膜……如果茶多酚含量比较合适，形成只有一两层单分子层或者双分子层的膜，这种膜厚薄适中，刚开始口腔里有涩味，稍后膜破裂后口腔局部肌肉开始恢复，收敛性转化，就呈现回甘生津的感觉。”

简单来说，就是茶多酚含量合适的茶，会产生入口微苦、之后变甜的神奇感受。

另外，人体还有一种“对比效应”，麦克伯尼教授和巴特舒克教授于1979年发表的《不同口感品质与刺激物相互关系》一文中认为，苦和甜是一对相对的概念，吃了苦味的东西再喝水会发现水会有些甜，这是一种口腔错觉。也就是说回甘不完全是甜味，而是一种叫“甜感”的滋味错觉。它似有似无，又真实存在。

综合实力强的茶才有回甘

结合科学研究结果，加上日常反复喝茶比对，我们发现，回甘其实是茶叶综合实力的重要指标，它不是某一种物质造成的。茶中既有带苦涩味的物质，也有甜味物质，配比均衡才有优良品质，才有回甘。对茶的品质要求上，我们常说：苦涩很正常，但要化得开，能够转变成甜味。如果苦味过重，或者滋味寡淡，都体现不出回甘的特别感受。

用一个简单的公式来看一下：

36% 茶多酚 +4% 黄酮 +4% 氨基酸 +3% 有机酸 +3.5% 糖类 = 一次沁人心脾的回甘。

多酚类物质在茶鲜叶含量中占比高达 18%~36%，呈现苦味和涩味，茶多酚的含量与茶汤回甘强度有很大的关系。

黄酮是茶多酚的一种，它的味觉表现十分特殊，入口苦涩，一段时间后呈现自然甜味。食用生橄榄会有先苦后甜的现象，也是因为其含有黄酮。

氨基酸是构成茶叶鲜、爽的主要成分，含量占总量的 1%~4%。春茶中氨基酸含量高于其他季节，因此春茶的鲜味和回甘都更为悠长。

有机酸在茶中约占总量的 3%，且在制茶过程中含量还会增加。有机酸通过刺激唾液腺的分泌，让人感觉回甘生津。

多糖类占了总量的 3.5%，它们名为糖却不甜，而是靠其一定的黏度在口腔滞留，通过唾液里的唾液淀粉酶催化成麦芽糖，正是这一催化过程产生的时间差，造成了先苦而后甜的回甘效应。

怎么判断茶的回甘

喝茶时，我们可以将口腔内、舌面都布满茶汤，慢慢感受茶带来的微苦和收敛感。如果能很快感觉到舌底有唾液分泌，并且吸吮一下有甜甜的口感，持续很久也不减弱，那就表明这款茶有很不错的回甘了。

需要注意的是，好茶有回甘，而有回甘的不一定就是好茶。比如一些质量较低的茶叶，因其茶汤味道过于苦涩，对比而产生的甜味就较为强烈。再如一些茶类本身甜味就较明显，容易与回甘混淆，这些我们都可以仔细与上面说的真正的回甘做对比，在品饮的时候加以分辨。

中国文化中似乎很喜欢借物喻人，茶性高洁，且极富内涵，苦尽甘来则是其中必不可少的品质。苦不可少，甘甜后至却让人惊喜，人生不正是如此吗？

喝茶会出汗是怎么回事

你可能有过这样的感受，一杯好茶下肚后，好像后背有些细细的汗冒出来。

唐代诗人卢仝的七碗茶诗中也写道：

一碗喉吻润，两碗破孤闷。

三碗搜枯肠，唯有文字五千卷。

四碗发轻汗，平生不平事，尽向毛孔散。

他喝到第四杯的时候，就开始毛孔发汗了。有人说好茶才会出汗，也有人说是这个茶的劲道太强，还有人说是喝了热茶的关系，到底哪个才是真正的原因呢？

喝热水其实也会出汗

喝茶出汗的现象，其实并不是茶特有的，也不是很新奇的现象。我们平常喝一杯热水也会感觉身体发热，微微出汗。生活中也有一些发汗效果更明显的饮食，比如姜茶、鲫鱼汤等。尤其是我们身体虚弱的时候，喝了这些汤饮可以加速血液循环，甚至额头都会冒汗。

卢仝在诗中描绘的，多有一些浪漫般的夸张因素。而且唐朝喝的茶和我们现在的茶差别很大，并不能相比较。在一些唐代背景的影视作品中，我们会看到茶要放薄荷叶、陈皮、姜等一起煮饮，其发汗作用比单纯喝茶要大一些。

出汗是喝茶的体感之一

喝茶会有口感和体感，口感是苦涩鲜甜、水润、爽口、浓香这些关于味觉和嗅觉的感受。体感就类似身体的酸麻胀痛，当然茶的反应没那么剧烈，比如喝茶会生津、打嗝、醉茶，当然还有出汗。

众所周知，茶有提神醒脑、振奋精神的作用，一杯茶足够让人心跳稍稍加速，代谢加快。如果我们喝到心仪的茶，情绪兴奋，更容易产生出汗现象。当然更加直接的原因在于，茶大多数情况下是热饮，连续饮用热茶，身体自然会启动散热机制，其表现就是出汗。如果同一款茶放凉了再喝，恐怕就很少出现这一现象。

出汗不是评价好茶的标准

回到科学的解释，喝茶是否会出汗，和每个人的体质是相关的。是否有人本身体质就容易出汗？是否最近身体欠佳，有些虚弱？是否喝到浓度高、口感比较刺激的茶，身体反应明显？此外，茶汤的温度、环境的温度，甚至是心情，都会影响到我们是否出汗的问题。

这么多因素影响下，喝茶出汗恐怕不能作为评价茶叶好坏的标准。我们更需要关注的是自己的身体状况和茶的滋味口感，以及是否让自己产生了愉悦的感觉。

放下

为什么茶中会喝出酸味

茶的滋味很丰富，有苦、涩、鲜、甜，但其实还有一种味道常常被人忽略，那就是酸味。茶中大约含有 3% 的有机酸，如苹果酸、水杨酸、柠檬酸等，但因为含量较少，且可以和甜味结合，是不太容易捕捉到的味道。需要正名的是，这些有机酸对口感和人体无害，而且发酵茶通常都会更容易喝到微妙的酸味，这是发酵过程的氧化反应形成的，是正常现象。下面举例说明。

| 传统铁观音因半发酵而有微酸味 |

武夷酸

19 世纪中叶，欧美茶叶专家在武夷岩茶中发现并分离出“武夷酸”，后经证实武夷酸是没食子酸、草酸和槲皮黄质等对人体有益的混合物。

一些品质优异的武夷岩茶会喝出一些酸味，微酸过后，口腔里取而代之的是甘甜。这种酸味并不令人难受，反而丰富了岩茶的整体风味，这样的酸味便是好的。有些制作不到位的岩茶喝起来有严重的酸味，甚至让人有想要发呕的不悦感觉，这样的酸味便是不可取的。

观音酸

正宗的观音酸是一种类似吃过糖后泛酸的感觉，舌后两侧有一种收敛的感觉。从齿颊到喉咙感到微微酸涩，回甘生津，韵味很足，这种酸味是传统铁观音制法中因半发酵工艺而产生的。

而一些所谓新工艺的拖酸铁观音，制作时将茶叶半成品搁置太久，这样容易形成一种令人不愉悦的酸味，是品质的缺陷。

红茶酸

一般来说，茶叶发酵会产生一定的酸味。红茶是全发酵茶，尤其是滇红，带微酸是正常的，但酸味散得快，口感基本上以甜爽为主。

如果喝到很明显的酸味，可能是红茶在发酵过程中堆积太密或者发酵过度，发酵工艺没控制好。此外，泡红茶的时候水温如果过高，也容易导致红茶出现明显的酸味。建议冲泡红茶时使用 90℃左右的热水，泡的时间短一点儿。

熟普酸

熟普本身就具备酸、甜、苦、涩、香、滑等特点，其酸能化而转甜，茶汤顺滑，发酵得很好的熟普还会带有成熟水果的微酸。熟普如果渥堆工艺不当，会使茶汤带有酸馊味，这种茶不管是闻起来还是喝起来都像是变质的食物，酸而不化，还带有馊臭味，令人不悦。

不过酸在茶的所有味道里是一个很少量就足够的部分。如果超过上面说的正常含量，就可能是工艺缺陷或存储不当，形成了过多的酸味。比如发酵过度、最后干燥不到位、含水量太高、存放时受潮而滋生细菌，都会产生较多的乙酸、丙酸等，这种有刺激性的酸味属于闷酸或酸馊，是负面的酸，需要特别注意。

总而言之，好的酸味是茶中的活性物质所自然呈现的，酸与涩、酸与甜要非常协调，这酸味喝起来才爽口，且不会一直停留在口腔中。茶的滋味还是以苦涩鲜甜为主，出现酸味的时候，要学会辨别是好是坏。

为什么有时喝茶会喝出“水味”

我们在喝茶的时候，有时候会喝到一些“不好的味道”，比如大家常说的“水味”。关于这一点，可能最大的疑惑就是：水是无色无味的，怎么还有味道？况且茶有茶味，水味是怎么喝出来的？

日常每天都要喝水，我们只要一入口就知道是水的味道，无味又有一点质感，这是一种辨识度比较高的感官特征，也有人把它理解为是一种水的淡腥味，当然这与水的品质也有关系。

而茶中的水味，普遍被理解为“茶水分离”的口感，而不是一种味道，这与“茶味变淡”有着本质差别。

打个比方，糖是可以溶解在水里的，喝糖水的时候会觉得“这是糖水的甜味”，即使是很淡很淡的糖水，我们也只会说“甜味很淡”，而不是说“喝出了水味”。但油与水是不相融的，试想油与水搅拌在一起，喝起来水味与油味就是分离的，不协调的。

这就是“水味”与“变淡”的不同。有的茶即使泡了很多次，已经淡下来，仍然能让人感觉茶水融合得很好，喝起来还是甘甜顺滑的。而有的茶一开始，或者几泡后就感觉很“寡”了，茶和水好像因为质感不同而让味觉上有了分离感。

水味产生的原因

出现“水味”，与泡茶用水、茶本身的品质有关。可能是某一环节出了问题，也可能是共同作用的结果。

（1）泡茶的水质方面，水质较差的水源，通常含有较多的金属离子，也就是“硬水”。或是像自来水这样含有消毒剂等，与茶泡出来的物质融合度不好，甚至有一些异味，在品茶的时候就常常让人感觉“有水味”，实质是茶水之间的不融合。

（2）茶本身的品质方面，茶叶里含有丰富的物质，当茶叶泡在水里时，能溶解的物质便会浸出，形成了茶汤的颜色、香气、滋味等。浸出的物质总量多，茶味就会浓，如果浸出物质的成分比例失调，造成茶汤滋味的偏差，茶与水的融合度不好，即使味浓也会出现茶水分离的味道。简而言之，就是浓不等于没水味，淡也不等于有水味。

一些高级绿茶，常常有人称其“无味乃至味”“真水无香”等，听起来似乎很玄，但还是说明了一些高品质的茶在极淡的时候，也是“淡而有味”的。还有一种情况，就是散茶刚压制成紧压茶之后，新茶的滋味协调度较差，容易喝出水味。经过适度存放后，其品质会好很多，不容易出现水味。

如何喝出水味

品茶者是否具有一定的判断力，去分辨“茶味变淡”和“茶水分离”的区别，当然也需要长期的品茶经验积累，对比记忆一些细微的感受。大多数人品茶，只能根据个人感受表达“这款茶好不好喝”，却说不出好或不好在哪里。其实，滋味、香气等难以描述的感觉往往是混合型的，想要深刻理解，还是得把里面的每一种感受分离开来体会，了解其形成的原理是什么，这样对我们品茶水平的提高才有帮助。

比如，要从一杯茶的整体滋味中把水味单独分离出来，那我们就要刻意撇开甜味、苦涩味等的影响，让自己的注意力集中在感受水味上，最后再综合起来，这样才能一点一点把茶喝清楚。就像一场乐队的演出，每个乐器我们都能仔细听出单独的表现，也能感受到它们一起演奏时的整体效果。如果茶中的每种滋味都让我们感到舒服，又在水中融合得非常好，那这杯茶的品质在你心里应该表现不俗了。

｜“水味”不是茶淡的味，而是茶水分离的口感｜

香精茶该怎么分辨

我们在电视和社交媒体上，有时会看到一些不良商家无视食品安全，给茶叶添加各种不明香精的新闻。在这一点上，国家确实有明确的规定，2015 年 5 月 24 日国家卫生部发布的《食品安全国家标准食品添加剂使用标准》中明确指出，茶叶属于“不得添加食品用香料、香精的食品名单”的产品。

茶本身就是带有天然香气的饮品，而且好茶香气浓郁，纯净持久，完全没有添加香精的必要。之所以有的茶叶会添加香精，根本原因就在于茶叶的品质太差，根本无法达到饮用的基本要求。因此，一些不法商家为了把茶叶卖个好价钱，私自给茶叶添加香精，不明就里的茶友经常很难发现。

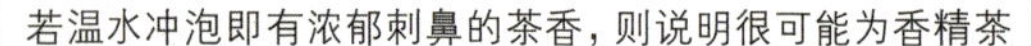

若温水冲泡即有浓郁刺鼻的茶香，则说明很可能为香精茶

如何鉴别香精茶

干茶香味浓烈

纯正的茶叶干茶香气并不浓，捧一把茶叶凑近闻一下，只有轻度幽香。如果干茶香气浓烈扑鼻，那很可能就是香精茶。

温水冲泡就有浓郁茶香

香精茶的香味很容易被热水激发出来，如果我们用日常可以饮用的水温（50~60℃）润一下茶，正常是不会有太多茶香的，而香精茶则会有更加刺鼻的香味，而且茶汤也有些许浑浊。

冲泡时香味很快飘散

香精茶因为有后续添加的化学成分，因此在冲泡时会很快浸泡出来。一般前 3 泡香气非常浓，但之后会陡然直下，香气马上减弱。正常的茶一般可以持续茶香 5~8 泡，之后才缓慢减弱直到无味。

借助一张纸巾

纸巾有一定的吸附能力，我们将一张纸巾放在干茶中 1 个小时，如果取出后发现有化学香精的味道，则很有可能是添加了香精的茶。此外，也可以用一个大杯泡一杯茶，将纸巾盖住杯口，1 分钟后拿开冷却。香精中一般含有固香剂，被纸巾吸附后刺鼻的气味不容易散去。

是否也有正常添加香味的茶

事实上，也存在正常添加香精的茶。例如，我们常见的茉莉花茶，就是使用了“窨制”工艺，将绿茶和茉莉花混合，直到茶叶吸附了满满的花香后，再将花朵筛去。原料都是取自天然，是符合饮用需求的添加。

此外，还有使用纯干果和茶叶结合的，比如广东的荔枝红茶，就是用红茶吸附了荔枝果肉的香味制成。这些天然调味茶，香气非化学添加剂，闻起来特征也和香精茶截然不同。

香精茶制作的初衷就是错误的，因此在选茶时需要谨慎，尤其是来源不清、口感上有上述几种特点的茶，要避免饮用。喝茶本身追求的就是天然和健康，若是饮用了化学添加剂，就得不偿失了。

在很多国家，茶叶是有加香精的现象，这和不同的饮茶文化和习惯有关，因此我们会在一些进口茶叶中闻到香精的气味。很多国家对香精的使用有严格要求，香精的成分可以做到很精细，与茶叶也融合得很好，对人体无害。不过这并不符合我们国家绝大部分人的饮茶习惯，大家需要分开对待。

劣质茶的 6 个信号

喝茶的人都非常讲究茶在入口时的口感，而这些口感也很多样，有些我们很喜欢，有些可能喝不惯，都因人而异。但是有一些味道，是能够说明茶品质低劣的，如果遇到了，要注意判断。

焦味

茶叶炒制时，如果温度过高，或者时间太长，就会产生焦味，就是“炒糊了”，在口感上也自然欠佳。如绿茶、乌龙茶、黑茶等，制作时需要炒几分钟，我们叫“杀青”，就可能会产生这样的现象。如果喝到了焦味，也可以观察一下冲泡完的叶底，看有没有叶片焦糊的情况。

闷味

香气和滋味沉闷，就像一个人没有精神，状态低迷。原因有两种，一是采摘那天下雨或露水多，鲜叶的含水量过高。这样的鲜叶制作出来的茶往往香气低迷，滋味沉闷。二是在制茶时某些步骤不到位，比如杀青时没有及时抖动鲜叶，或者摊晾时堆太厚，水汽没有及时散去，都会让茶叶有水闷味。

仓味

因存放不当而产生的轻度变质的不愉悦味道，称为陈味。原因是茶茶叶存储得不好，轻度受潮造成滋味的变化，或是吸附了空气中的其他杂味、积累了灰尘等。仓味往往和闷味一起，让茶叶的口感失去活力，没有鲜甜的口感和纯净的香气。部分需要后发酵的茶，如黑茶、生普、白茶等，都可能因存放空间湿度高、脏乱差等产生仓味。

青味

有的茶喝起来有青涩味，原因是某个工艺环节处理得不够，鲜叶中的青涩感退得不干净。绿茶、乌龙茶等需要下锅杀青的茶，若炒制程度不够、温度过低、出锅太早等，都会导致青味。红茶、熟普等需要发酵的茶，若发酵不足，茶叶的氧化反应不够，还没有由绿转红，温和的口感没来得及形成，也会有不舒服的青涩味。

霉味

茶叶很容易受潮霉变而产生霉味。受潮可能是茶叶本身含水量过高，如干燥环节没有干透，或存放时吸收了空气中的水分。霉味比较容易辨别，严重时还能看到霉斑。黑茶和熟普因为需要渥堆发酵数十天，如果微生物控制不到位，很可能造成茶叶霉变，喝起来有较酸涩的霉味。

烟味

茶叶吸附了柴火的烟味，会让香味变杂。这通常出现在小作坊生产的茶叶中，因制茶设备简陋，烧柴火或煤炭时烟味漏出，被茶叶吸附所致。这种茶饮用时会有一种浮于茶叶表面的烟味，稍稍刺鼻。当然有些情况除外，传统工艺的正山小种，其特色就是用马尾松熏制，产生松烟香和桂圆味。此外，一些黑茶也有轻度的烟熏味。有烟熏味的茶多存在于过去的传统工艺，现在已逐渐减少并有更规范的制作环境。

每一种味道都有其原因，茶的品质好坏，我们可以充分调动嗅觉和味觉来判断。当你发现有异样时，不妨对照上面的 6 种味道，看看茶叶品质如何。无论如何，好喝是茶的第一要务，学会分辨不好的味道，就可以喝到更多的好茶了。

| 传统正山小种的烟味，是正常的烟味 |

不苦不涩不是茶吗

试想一个场景，有好友来家里做客，你给大家泡了一款高山茶，香气高扬，口感鲜爽，久泡都不苦涩。有一个朋友说：这茶不苦，又香又滑，好喝！另一个朋友却说：没有茶味啊，不苦不涩还能叫茶吗？这样的情况并不少见。

细想一下，是有很多这样的说法，比如茶的苦尽甘来，先苦后甜。还有人说茶要苦涩，才能生津止渴、清热解毒。可大部分人都更喜欢甜味，而非苦味，因为后者不是一种能够让人产生愉悦的味道。茶的好坏是否和苦涩度有关系，这个问题很值得探究。

| 苦涩味是茶中一定会有的 |

茶为什么会有苦涩味

其实，茶中有各种各样的味道，有苦的、涩的、香的、甜的、鲜的，等等。我们喝茶不是单单只喝一种味道，而是喝它们的组合。种茶人和制茶师傅千百年来磨练技艺，其实都是在味道上下功夫，让这些味道以一个合适的比例呈现在我们的口中，让愉悦的味道多一些（更甜、更香），让不好的味道少一些（少苦，少涩）。

不过，苦涩味是茶中一定会有的，因为占茶叶内含物 30% 的茶多酚就是苦涩味的。此外还有苦味的咖啡碱、茶叶碱、花青素、茶皂素等，所以“不苦不涩不是茶”这句话很有道理，苦涩味往往还伴随着茶汤的浓郁醇厚，如果没有这些成分，茶就会十分寡淡。

小知识

在茶叶科学研究中，评判一款茶的质量，常用的一个指标叫“酚氨比”，也就是茶多酚和氨基酸的比例。数值在某个范围内是正常，如果超过这个范围则说明苦涩过多，如果低于这个范围则可能滋味淡薄，而不是单单看某一种物质的含量。

所以好茶并不是毫无苦味，而是其他的鲜甜味让苦涩味没那么明显了，而且有苦涩伴随的茶汤会更有醇厚感、浓郁感。同时在苦涩味的刺激下，口腔的唾液腺会分泌唾液，带来甜感，这就是生津回甘。

一句话：苦涩味必不可少，但好茶往往将它隐藏得很好，给我们带来更加丰富的味觉体验。

既然茶苦涩，为什么还有这么多人爱喝呢

对于食物来说，不同味道之间以黄金比例搭配，就能融合成特别好的口感。茶也是一样，其中鲜甜味的氨基酸能够让茶的苦涩味降低，还有其他多种味道的物质和苦味相互融合，会让茶有鲜爽甘甜的口感。

苦味是有规律的

茶中的各种味道，会因为茶树的生长环境而发生变化。一般气温较低、光照较弱时采摘的茶，茶叶中的苦涩物质少，鲜甜物质多。相反，气温较高、光照强时采摘的茶，茶叶中的苦涩物质较多。这就解释了，为什么更多人爱喝春茶，因为在春季，茶叶香气高，更甘甜爽口，苦涩度低。

高山环境则体现得更明显，多云雾让阳光更柔和。气温比山下低，而且温差大，积累了更多的鲜甜物质，苦涩感也就少了。高山乌龙就是这类茶的代表，正是有着这样的因素，才显得茶汤饱满，少苦涩而多香甜，符合“高山云雾出好茶”的规律。

什么是正常的茶味

对于茶的苦涩味，我们也要学会分辨好坏。一个原则就是，茶可以苦，但不可一直停留在口腔化不开，要在很短的时间内转变成甘甜，时间越短越好。有的茶因为品种特性，本身就比较苦，比如普洱生茶、客家炒绿等，但品质较高的茶也都是入口苦涩刺激，随后很快生津回甘。如果苦涩度高，又喝不出甜味和香味，口腔发紧，久久不散，那就说明茶的质量一般了。

读完本章有任何疑惑
可随时扫码提问

哪款是你最爱的茶

扫码查看
本章更多话题

西湖龙井，喝过才知春天味

| 西湖龙井茶梅家坞产区 |

茶之源

中国上千种茶中名字最响亮的，无疑就是西湖龙井了。

龙井不仅是茶名，而且是地名和泉名。龙井位于西湖之西翁家山的西北麓。龙井原名龙泓，是一个圆形的泉池，大旱不涸，古人以为此泉与海相通，其中有龙，故称龙井。龙井茶始于宋，闻于元，扬于明，盛于清，在千年的历程中，经历了从无名到有盛名。在这漫长的历史时光中，没有任何一款茶像它一样受到历代帝王将相、文人墨客的宠爱。

西湖龙井茶属于绿茶，仅产于西湖周边160平方千米的区域，在这个小区域内，又有四个地方的龙井茶品质最好，分别是狮峰山、龙井村、云栖寺、虎跑泉周围。民国后期，梅家坞产的龙井茶也大放异彩，所以人们在“狮、龙、云、虎”的基础上又加了一个“梅”。这五个产地的茶，通称为西湖龙井，其中以狮峰龙井最为知名。

冲泡方法

西湖龙井茶色泽绿黄光润，香气鲜嫩

清高，滋味鲜爽甘醇，叶底细嫩，但需要用正确的冲泡方法才可呈现。

西湖龙井茶最宜用玻璃杯冲泡，可以完整欣赏茶在杯中跳舞的乐趣。投茶量为每杯 3 克左右，或因个人口味而定。

西湖龙井茶非常嫩，所以冲泡的水温不能太高，以 80~85℃为宜。可以将水烧沸后，倒入储水壶放片刻再冲泡。

龙井茶的冲泡推荐使用中投法。温杯后投放茶叶，然后倒五分之一开水，浸润，摇香 30 秒左右，再用悬壶高冲法注入七分满，水温至可入口时即可饮用。

辨香识韵

【茶之赏】

干茶外形：色泽绿黄，带糙米色，外形扁平光滑，均匀整齐。

茶汤颜色：嫩绿明亮。

叶底外形：均匀整齐，嫩绿明亮。

茶汤香气：有类似炒豆的鲜纯嫩香，香气清醇持久。

茶汤滋味：鲜爽甘醇，清甜耐泡。

【茶之鉴】

西湖龙井和洞庭碧螺春都是绿茶中的极品，也都曾是贡茶，很多人面对二者时不知该如何选择。

选择一款茶时，不能单单看知名度，更多的是要区分口感、滋味、香气等，看看是不是更适合自己的口味。

能够得到两代皇帝赞美的茶，这两款茶在口感和滋味上都属上乘的了。二者最大的区别可能就在香气上了。西湖龙井香气鲜嫩清醇，有一种炒豆的清香，洞庭碧螺春香气则偏浓郁。

|西湖龙井代表品牌：龙冠、贡牌、狮峰、聚芳永。

洞庭碧螺春，传说中的“吓煞人香”

| 冲泡碧螺春，适合用“先放水，后放茶”的上投法 |

茶之源

碧螺春属于绿茶，主产于江苏省苏州市吴县太湖的洞庭山，所以又称“洞庭碧螺春”。碧螺春始于明代，俗名“吓煞人香”，意思是喝到的人都觉得香气非常让人惊奇。传说清代康熙皇帝视察并品尝了这种茶汤颜色碧绿、卷曲如螺的名茶，倍加赞赏，但觉得“吓煞人香”其名不雅，于是题名“碧螺春”。洞庭碧螺春从此成为贡茶。

洞庭山实际上不是山，而是东洞庭山、西洞庭山两地的统称，前者是延伸至太湖中的一个半岛，后者是太湖最大的岛屿。这里茶树和桃、李、杏、梅、柿、石榴等果木交错种植。在这样的生态环境下生长的茶叶，炒制之后有着明显的花果香。

碧螺春的外形特别美。茶条紧结卷曲成螺状，色泽银绿，绿中隐翠，细细的茶条带有细密的绒毛，被人们亲切地称为“蜜蜂腿”。

冲泡方法

冲泡碧螺春，可用洁净透明的玻璃杯，推荐采用上投法。先冲开水后放茶，投茶量3~5克，用80℃左右的开水冲泡。茶叶在水中随着时间的推移慢慢舒展开来，杯中腾起缕缕茶香，清香幽雅。

第一泡品饮完，杯中茶汤可以留三分之一左右，再加水进行第二次冲泡，这样可以保持每一泡茶的味道较为稳定，不至于太浓或者太淡。

小知识

我们来回顾一下前面提过的适合绿茶冲泡的“留根法”。喝绿茶常常要浸泡，这就容易导致一杯茶喝完，再续水已经没什么味道了。所以通常都采用“留根法”，也就是每一泡不喝完，或将茶壶的水留一小部分，让下一泡依然保持一定的浓度。

辨香识韵

【茶之赏】

干茶外形：茶条纤细、卷曲成螺、满身披毫、银白隐翠。

茶汤颜色：汤色碧绿清澈。第一泡色淡，第二泡翠绿，第三泡碧清。

叶底外形：嫩绿明亮。

茶汤香气：香气浓郁，清香幽雅。

茶汤滋味：鲜醇甘厚，回味绵长，甘甜持久。

【茶之鉴】

很多人买碧螺春追求颜色鲜绿，其实颜色越绿并不意味着茶叶品质越好，因为颜色过绿可能是炒制较轻所致，品饮起来会口感青涩。这是目前茶叶过于追求绿色，但牺牲品质比较常用的做法，值得大家注意。

|碧螺春代表品牌：碧螺、吴侬。

太平猴魁，出自黄山的清香味

茶之源

太平猴魁属于绿茶，产自安徽省黄山市黄山区（原太平县），主产区在新明乡，尤以三门村的猴坑、猴岗、颜家的高山茶园所采制的品质最优。茶叶名称取太平县的“太平”和猴坑的“猴”，“魁”字有“最高”“最好”的意思。

太平猴魁茶园分布在海拔350米以上半阴半阳的山坡，有着深厚的黑沙壤土，富含有机质。由于产地低温多湿，土质肥活，云雾笼罩，使得所出茶叶别具一格。

在所有的绿茶中，太平猴魁是长相最奇怪的，以当地的茶树品种（柿大叶）鲜叶为主要原料，叶子有数厘米长，很像晒干的蔬菜。太平猴魁并不像别的绿茶一定要赶在清明前采摘，它常在谷雨之后采摘，虽然采得晚，但茶叶依然鲜嫩。

太平猴魁对生长环境和采摘条件有很高的要求。一定要生长在有一定海拔高度的山谷，但又不能太高，早上云雾散开后会有适当的光照，在冬天又不至于太冷而冻到茶叶。茶园的周围还要有松林、竹林和一些草木为佳，复杂的植被会赋予茶树一种特殊的清香。采摘时芽要大，叶子掂在手上厚重不轻飘，说明茶叶内质丰厚。另外，太平猴魁一定是两叶抱一芽，如果不是，就只能称为“魁尖”或“尖茶”了。

冲泡方法

太平猴魁的冲泡比较简单，推荐采用下投法。

冲泡茶具可以选择直形的玻璃杯，这样在冲泡过程中就可以欣赏到茶叶在水中舒展的过程。

取3~5克茶叶，将茶叶根部朝下放置。冲入90℃左右的开水至茶杯的一半，等茶叶慢慢舒展开来时，继续加水至七分满，3~5分钟后即可品饮。

在品饮时不要一次全都喝掉，剩下三分之一左右，以便于后面的续水冲泡，直到味变淡为止。

太平猴魁，汤色清澈明亮

辨香识韵

【茶之赏】

干茶外形： 两端略尖，两叶抱一芽，苍绿匀润，扁平挺直。

茶汤颜色： 嫩绿，清澈明亮。

叶底外形： 芽叶肥壮，嫩绿明亮。

茶汤香气： 高爽持久，具有兰花香。

茶汤滋味： 鲜爽醇厚，回味甘甜。

【茶之鉴】

太平猴魁最大的特点在于工艺，即手工捏尖：将杀青炒制后的柔软叶片用手捋直造型，再压平烘干，这是它奇特造型的来源。

经过捏尖的猴魁，外形不是很规则，干茶厚实，颜色墨绿，口感浓厚清香。未经过捏尖，且压平时压力过大，使外形轻薄、色泽翠绿、口感青涩的，称为“布尖”猴魁，品质不佳。

太平猴魁代表品牌：猴坑、六百里。

黄山毛峰，雀舌状，兰花香

茶之源

黄山毛峰属于绿茶，产于安徽省黄山市（古称徽州）的徽州区、黄山区、歙县、黟县等地，所以又称为徽茶。

黄山一带气候湿润、土壤松软、排水性好，是很适合茶叶生长的地带。加之这里山高谷深，溪涧遍布，林木葱茏，四季分明，雨水充沛，自然环境保存得很好，遍布各种动植物，因而所产的茶叶叶肥汁多，经久耐泡。此外，黄山毛峰因为品种的香型近似兰花，因而呈现出独特的兰花香。

黄山茶可追溯到1200年前的盛唐时代，经不断发展，至明代其制作工艺上有了很大提高，品种也日益增多。黄山毛峰是黄山茶的代表，创制于清代光绪年间，所选的茶树为黄山高峰所产的黄山种、黄山大叶种。每年清明、谷雨前后，选摘初展的肥壮嫩芽，手工炒制而成。黄山毛峰成茶外形微卷，状似雀舌，绿中泛黄。由于新制的茶叶白毫披身，芽尖似峰，所以取名为黄山毛峰。

冲泡方法

黄山毛峰的冲泡水温以85℃左右为宜，偏低的水温可使茶水绿翠明亮、香气纯正、滋味甘醇。

用玻璃杯或白瓷茶杯冲泡均可，一般可续水冲泡3~4次。

冲泡方法推荐采用中投法。茶水比可控制在1：50，一般容量的玻璃杯，每杯可放4~5克干茶。

杯中先倒入三分之一的开水，然后将黄山毛峰放入杯中，1分钟后再加入开水至七八分满，浸泡至温度可入口时即可饮用。

茶量多，则冲泡时间可短些；反之，冲泡时间应长些。

谢裕大黄山毛峰，鲜香清爽

辨香识韵

【茶之赏】

干茶外形：色泽黄绿，俗称象牙色。特级黄山毛峰茶条细扁，形似“雀舌”，带有金黄色鱼叶（俗称“茶笋”或“金片”）；芽肥壮、匀齐、多毫。

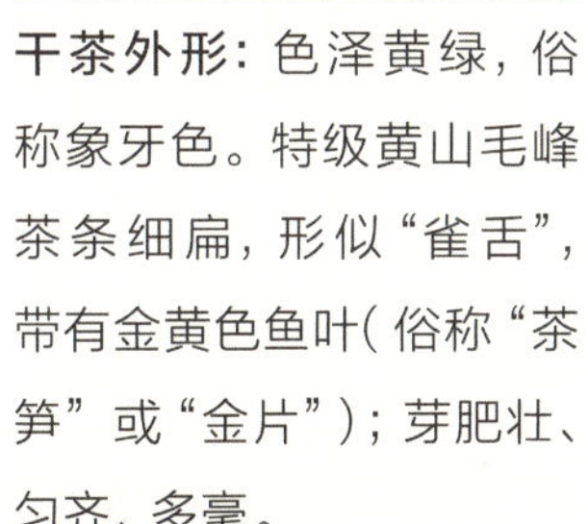

茶汤颜色：嫩绿明亮。

叶底外形：嫩黄肥壮，均匀鲜亮。

茶汤香气：有独特的兰花香，香气清鲜。

茶汤滋味：醇厚有回甘。

【茶之鉴】

黄山毛峰的干茶可以根据茶叶的芽锋来区分好坏。质量好的黄山毛峰芽毫比较多，外形像“雀舌”，嫩绿，同时白毫显露；质量差的黄山毛峰芽锋藏匿，且芽毫比较少。高品级的黄山毛峰还有“金黄片”和“象牙色”两大明显特征。

黄山毛峰在香气方面也很有特点。将茶叶靠近鼻子闻一下，质量好的黄山毛峰会有一种鲜爽清新的感觉，同时还有近似兰香味；如果香气低闷，还有粗老气，说明质量不好。

黄山毛峰代表品牌：谢裕大、老谢家茶、迎客松。

六安瓜片，“重口味”喝出内涵

茶之源

六安瓜片属于绿茶，是世界上唯一无芽无梗，只取单片壮叶制作的茶，因为产自安徽六安，且干茶叶片向内卷曲，形状似瓜子而得名。

六安瓜片的核心产地在安徽六安、霍山一带，靠长江边大别山北麓淠(pì)河上游腹地，其中又以蝙蝠洞茶场产的公认品质最好。因为这里土壤的微量元素含量丰富，而且此地早春时白天气温约为20℃，到了晚上会降到4~5℃，较大的昼夜温差，使茶叶积累了丰厚的营养，形成醇厚的口感。采茶期在每年的谷雨前后10天之内，采摘时只取叶片，求“壮”不求“嫩”。

六安瓜片的口感在绿茶中属于比较浓厚的，趁热喝上一口，整个口腔都会被一种霸道直接的香气击中，熟板栗的清香萦绕舌尖。如果说那些明前嫩芽制作的茶是清纯少女，那谷雨节气后才有的六安瓜片则是一位沉稳有内涵的夫人了。

六安瓜片名声很大，但产量极少，原因就在于制作工艺的难度很高。通常要经过毛火、小火、老火三遍烘烤，特别是最后一遍老火，要进行一百多次烘烤，非常考验制茶人的体力。经过老火后的茶叶表面形成白霜，瓜片的醇香也最终形成。

冲泡方法

六安瓜片是绿茶中的精品，可采用玻璃杯冲泡。通过透明的玻璃杯，可以尽情地欣赏六安瓜片在水中舒筋展骨、舞动回旋的姿态。

六安瓜片属于烘青绿茶，冲泡水温要略高于炒青类的绿茶，以90℃为宜。

六安瓜片，汤色明亮清澈

冲泡方法推荐采用下投法。茶水比以1: 50为宜，即正常容量的玻璃杯放4~5克茶，这样冲泡出来的茶汤浓淡适中，口感鲜醇。

投茶后，将开水沿着杯壁倒入杯中约四分之一处，拿起杯子轻摇，让茶叶在水中充分地浸润、舒展，使茶叶中的香气充分发挥。然后继续注至7分满，浸泡5分钟即可。

续水时采用留根法，杯中要留三分之一的茶汤，这样可以让连续几泡茶汤的浓度不会下降得太快。六安瓜片可冲泡3次。其高爽的清香、鲜醇回甘的滋味，宜小口品啜，细细领略。

辨香识韵

【茶之赏】

干茶外形：形似瓜子片，叶缘微翘，大小匀整，无芽无梗，有绿宝石色泽。

茶汤汤色：黄绿明亮，干净清澈。

叶底外形：嫩绿明亮。

茶汤香气：清爽浓郁，有熟板栗香。

茶汤滋味：浓烈醇正，回味甘甜。

【茶之鉴】

高品质的六安瓜片，叶片外形平展，不带芽和茎梗，叶绿色光润，微向上叠，形似瓜子，冲泡时香气清高，汤色碧绿，滋味回甜，叶底厚实明亮。

|六安瓜片代表品牌：徽六。

信阳毛尖，好一幅杯中景色

| 信阳茶产区 |

茶之源

信阳茶区位于大别山与淮河之间广阔的山地与丘陵地带，海拔在300~800米，纬度位置在我国茶叶种植区里是比较靠北的了。这里丘坡较缓，沟谷相连，沟底宽浅开阔，土壤为黄黑砂壤土，深厚疏松，肥力较高。由于地处大别山北坡，属于阴坡的自然环境，太阳迟来早去，光照不强，日夜温差较大。这种条件使得茶树及芽叶生长缓慢，芽叶肥厚多毫，积累了大量营养物质，因而冲泡后香高持久，滋味浓醇，而且十分耐泡。

信阳种茶的记载可追溯到商代，到了唐代，这里的茶成为贡品。传说，武则天患肠胃疾病，御医开出的药方是用信阳茶为药引。女皇服药后很快痊愈，龙颜大悦，就在茶山车云山赐建了一座千佛塔，保茶乡平安，信阳茶也因此名声鹊起。

信阳毛尖属于绿茶，香高持久，回甘生津，有特有的熟板栗的香味。用玻璃杯冲泡，除了能感受到清爽的茶香，观赏杯中风景也是一种享受：茶叶在热水中根根独立，上下跳动，茶叶上的白毫清晰可见，小小一杯茶，就如同一个大千世界展现在眼前。

冲泡方法

冲泡信阳毛尖宜用透明的玻璃杯。水温不宜过高，越是等级高的信阳毛尖对水温的控制要越精细，芽头比例超过百分之八十的毛尖，最好用80℃左右的开水冲泡，这样不容易烫坏茶叶嫩芽，口感会更好。

一般的信阳毛尖推荐采用中投法，倒入少量85℃左右的开水，投茶3~5克，接着继续将开水贴着杯子缓缓流入。泡2~3分钟即可饮用，通常可冲泡2~3次。注意不可使用高冲法，否则会使附着在茶叶表面的毛脱落，造成汤色浑浊。

辨香识韵

【茶之赏】

干茶外形：匀整、鲜绿有光泽、白毫明显。

茶汤颜色：嫩绿，清澈明亮。

叶底外形：细嫩匀整。

茶汤香气：香气高雅，且清新持久。

茶汤滋味：滋味浓醇，回甘生津。

【茶之鉴】

黄山毛峰和信阳毛尖颇多相似，均蜷曲披毫，因此很多初识茶的人容易混淆。这里做个区分。

首先，毛尖由中小叶种茶树鲜叶制成，成品毫显而不露，茶条细、圆、紧、直；毛峰由大中叶种茶树鲜叶制成，成品白毫明显，外形似雀舌。就外形来讲，信阳毛尖要更细小一些。

其次，毛峰属于烘青绿茶，汤色金黄，叶底嫩黄成朵；毛尖多为炒青绿茶，汤色嫩绿明亮，叶底嫩绿匀整。

茶汤滋味方面，二者相比，信阳毛尖滋味更偏浓醇，而毛峰滋味更偏甘甜一些。

信阳毛尖代表品牌：文新、蓝天茗茶。

安吉白茶，绿茶中的另类

| 春季的安吉茶园，茶叶开始泛黄变浅，之后逐渐白化 |

茶之源

安吉白茶其实并非白茶，而是绿茶。茶类的划分是按加工工艺而不是按品种、颜色、名字等来定的。比如我们平时说的绿茶并不是“绿茶树”采摘的茶叶制成，红茶也不是“红茶树”的茶叶制成，它们可以由同一种茶树的鲜叶制成，唯一的区别就是加工工艺不同。因为使用绿茶工艺制作，所以安吉白茶属于绿茶，名称的误解则源于茶树的独特外观。安吉白茶既是品种名，又是商品名。

安吉白茶产自浙江省湖州市安吉县。这里原始植被丰富，森林覆盖率高，全年气候温和，土壤中含有较多的钾、镁等微量元素。这些特定的条件为安吉白茶的独特性提供了良好的基础。安吉白茶叶片发白的特性，要归于其“温敏性”。早春时气温低，安吉白茶萌发出来的芽缺乏叶绿素，所以呈现出白色或浅绿色。大约一个月后，气温陆续上升，茶芽才慢慢转绿。也正是因为这样的特性，人们把它称为“白茶”。

另外，安吉白茶由于茶树品种的特性，其氨基酸含量较高，加上其他内含物，使得所制成的绿茶具有香郁味鲜的品质。

冲泡方法

安吉白茶因为叶色浅，叶片嫩而薄，所以冲泡水温不宜过高，否则鲜爽度欠佳，一般用 85℃左右的开水冲泡。

由于安吉白茶的叶脉颜色比叶肉深，有着独特的美感，用玻璃杯冲泡，可以更好地欣赏其白叶翠脉舒展的风姿。

冲泡安吉白茶，推荐采用下投法。投茶 2~3 克，冲入四分之一杯热水，摇动杯子，使茶叶初步吸收水分，茶叶慢慢展开，然后继续加水至七分满，浸泡 2 分钟左右即可饮用。可冲泡 2~3 次。

辨香识韵

【茶之赏】

干茶外形：挺直略扁，色泽翠绿而略发灰黄，光亮油润。

茶汤颜色：汤色嫩绿，清澈明亮。

叶底外形：嫩绿明亮，芽叶朵朵可辨。

茶汤香气：清香高扬，且香气持久。

茶汤滋味：回味甘而生津。

【茶之鉴】

一般认为，安吉白茶所含的氨基酸种类和量在绿茶中是较高的，多酚类物质则比其他绿茶少，所以茶汤口感鲜爽，甜度很高，没有苦涩味。顶级安吉白茶入口香若幽兰，即使长时间闷泡也没有明显苦涩味。

安吉所产白茶，干茶略微灰黄，太过翠绿或是墨绿的，一般不是安吉所产。另外，干茶叶片越短小，品相越高，白化越好，品质越上乘。

安吉白茶代表品牌：龙王山。

福鼎白茶，工艺最纯粹的好茶

| 福鼎白茶产区 |

茶之源

白茶是六大茶类中最纯粹的一类，不仅因其口感清纯甘甜，还由于其制作工艺更加精简，只需日晒或室内萎凋后，烘焙干燥即可。

白茶的主产区在福建，有福鼎白茶、政和白茶等。茶芽采自福鼎大毫茶、福鼎大白茶或政和大白茶良种茶树。这两个品种每当春天发出新芽，茸毛密被，阳光照射下银光闪闪，成品茶多为芽头，满披白毫，故称白茶。

白茶的风味特点是淡如水、甜如蜜、香如兰，存放了一定年份的，还有枣香、药香等更丰富的香气，所以老白茶颇受欢迎。

白毫银针、白牡丹、贡眉、寿眉都是白茶不同级别的名字，制作工艺基本相同。白毫银针，得名于其成品茶形状似针，白毫密被，色白如银。白牡丹外形能够看到绿色的叶子夹着银白色茶芽，冲泡后绿叶托嫩芽，犹如花朵初放，白牡丹的名字由此而来。

白茶采摘示意

白毫银针
采摘单个肥壮芽头

白牡丹
采摘一芽一叶、一芽二叶

贡眉
采摘嫩梢

寿眉
采摘嫩梢或叶片

冲泡方法

新白茶应当浅泡，用杯泡法或盖碗冲泡法，充分浸润后，出汤尽量快一些，可品尝到新茶的纯美，也有很好的退热降火作用，很适合夏季饮用。老白茶特别是寿眉，可采用煮饮法，能领略醇厚的口感。

杯泡法

一人饮可用大玻璃杯冲泡，采用下投法。5 克白茶加 90℃的开水，先温润闻香再冲泡，5 分钟后即可饮用。寿眉可用 100℃的开水冲泡，紧压白茶适当延长时间。

盖碗冲泡法

取 5 克白茶投入盖碗中，用 95℃的开水温润闻香，然后冲泡。第一泡浸泡 45 秒，以后每泡稍快些出汤即可。

煮饮法

根据壶的大小，在清水中加适量老白茶，煮 3 分钟后滤出茶汤饮用。若是稍凉后加入蜂蜜或冰糖饮用，口感更是醇厚奇特。

辨香识韵

【茶之赏】

白毫银针

干茶外形：芽头肥壮、肩披白毫、挺直如针、色白如银。

茶汤颜色：汤色杏黄。

叶底外形：嫩匀完整、色绿。

茶汤香气：香气纯爽，毫香明显。

茶汤滋味：汤味醇爽。

白牡丹

干茶外形：绿叶夹银白色毫心，形似花朵。

茶汤颜色：杏黄明亮或橙黄清澈。

叶底外形：嫩匀完整，叶脉微红。

茶汤香气：鲜嫩感明显，毫香明显。

茶汤滋味：清醇微甜。

贡眉

干茶外形： 色灰绿或翠绿、鲜艳有光泽，毫心洁白，两边缘略带垂卷形，叶面有波纹。

茶汤颜色： 黄色或橙色。

叶底外形： 黄绿，柔软匀亮。

茶汤香气： 鲜嫩，略有毫香。

茶汤滋味： 醇厚甘甜。

寿眉

干茶外形： 少有毫心，色泽灰绿。

茶汤颜色： 橙黄或深黄。

叶底外形： 匀整、柔软、鲜亮。

茶汤香气： 鲜纯。

茶汤滋味： 醇爽。

【茶之鉴】

一般直接说“白茶”，或“福鼎白茶”、“政和白茶”时，指的就是六大茶类里的白茶，而本章前面介绍的安吉白茶，则是绿茶类里面的一种。这两个概念经常会弄混，需要注意辨别。

福鼎白茶代表品牌：品品香、绿雪芽、六妙。

君山银针，黄汤黄叶满口香

茶之源

君山银针属于黄茶，黄茶其实是在绿茶制作的过程中偶然发现的。炒茶人发现如果杀青、揉捻后，茶叶因为错误搁置而闷住了，茶叶就会变黄，得到的茶叶冲泡后汤色橙黄，满口余香，和绿茶相比别有风味，就此开创了一个全新的茶类。后来制作黄茶采取了闷黄工艺，就是杀青后或热揉后堆闷，利用湿热的作用让黄茶产生轻微的发酵，这是形成黄茶“黄汤黄叶”的关键步骤。

君山银针又称白鹤茶，产于湖南省岳阳市洞庭湖中的君山岛，因形细如针，故得此名。其成品内呈橙黄色，外裹一层白毫，所以又有个雅号叫“金镶玉”。

君山岛四面环水，无高山深谷，岛上土壤肥沃，太阳从早到晚照射全岛，空气湿度大，且昼夜湿差较小，温差较大。这种小气候非常适宜茶树生长，也造就了君山银针特有的滋味。

君山银针的采制要求很严格，如采摘茶叶的时间只能在清明节前后 7~10 天内，以春茶首轮嫩芽制作，还规定了 9 种情况下不能采摘，即雨天、风霜天、虫伤、细瘦、弯曲、空心、茶叶开口、茶芽发紫、不合尺寸等。所以制得的茶叶不仅滋味鲜香，而且茶条均匀整齐，非常漂亮。

冲泡方法

用洁净透明的玻璃杯冲泡君山银针时，可以欣赏到芽尖朝上、蒂头下垂而悬浮于水面，随后缓缓降落、忽升忽降的美景。针叶在“三落三起”后竖沉于杯底，如刀枪林立，又似群笋破土，妙趣横生。

冲泡君山银针推荐采用中投法，往透明玻璃杯中冲入约三分之一的开水烫杯后倒掉，然后加入少量 85~90℃的开水，投入 3 克茶，再继续往茶杯里注水至七八分满即可。浸泡几分钟，待茶芽大部分立于杯底时即可品饮。

黄茶经过闷黄，营养成分大多已具有可溶性，因此水温不要过高。茶杯预热是为了保持合适的冲泡温度。冲泡后也可以加盖保温，防止温度快速降低。

小知识

黄茶外观与绿茶有点类似，而且制作工艺也非常接近，只是增加了一道闷黄的工序。但就是这一个小小的不同，让两种茶在口感、滋味等方面相去甚远。

黄茶和绿茶主要有以下两点区别：

（1）绿茶“清汤绿叶”，黄茶“黄汤黄叶”，这里的汤是指茶汤，叶是指叶底。

（2）绿茶的刺激性稍强，而黄茶滋味比绿茶醇和，不苦不涩。

辨香识韵

【茶之赏】

干茶外形： 芽壮多毫，茶条均匀整齐，白毫如羽，芽身金黄发亮，着淡黄色茸毫。

茶汤颜色： 浅黄鲜亮。

叶底外形： 明亮嫩黄，叶质均匀。

茶汤香气： 清鲜。

茶汤滋味： 滋味醇和，甘甜爽滑。

【茶之鉴】

因为其独有的特点，君山银针仿冒起来十分困难，只要拿水一冲泡，就能分出真伪。真品君山银针茶色浅黄、味甜爽，冲泡后芽尖冲向水面，悬空竖立，然后徐徐下沉至杯底，随着冲泡次数的增加，茶叶能多次起落；假品君山银针有清草味，冲泡后银针不能竖立。

君山银针代表品牌：君山、巴陵春。

大红袍，不是红茶而是乌龙茶

茶之源

很多人以为大红袍属于红茶，这可是天大的误解。红茶是全发酵茶，而大红袍属于半发酵的乌龙茶。并不因为名字中含“红”字就变成了红茶，这就如同安吉白茶是绿茶而非白茶一样。

发酵程度
30%~80%
（半发酵茶）
如大红袍、安溪铁观音等

发酵程度
80%~100%
（全发酵茶）
如滇红、金骏眉等

大红袍是武夷岩茶的一种，是具有岩韵（岩骨花香）特征的乌龙茶。武夷山有着丹霞地貌，以岩石山为主，土壤为风化土，含有丰富的矿物质。武夷山风景区内虽然海拔不高，但山谷、山坳、山涧众多，因光照、湿度、植被环境各不相同，形成一个个小气候，使得武夷山有“岩岩有茶，风格各异”的特点。

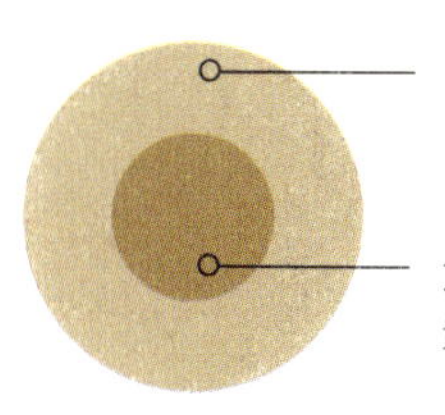

武夷岩茶
具有岩韵（岩骨花香）特征的乌龙茶

大红袍
武夷岩茶中最具代表性的品类

大红袍既是茶树品种的名称，也是茶叶品类的名称。二者有联系，但茶树品种不等于茶叶品类。

大红袍最关键的品质特点，是烘焙工艺带来的香气转变。火功轻一些的有花香、果香，重一些的有焦糖香。

小知识

大红袍能储存多久？

大红袍的保质期一般为 2 ~ 3 年，根据焙火程度高低，其储藏也有所区别。焙火程度低的大红袍不耐储藏，会有返青现象，青味增加；焙火程度高的大红袍火工足，耐储藏一些，可将其先放一段时间，火气稍稍褪去转化后，口感、香气会更优异。

为什么大红袍喝起来有火味？

第一次喝岩茶类的大红袍，闻到类似糊味的香，其实是类似咖啡、焦糖的火香。如果焙火程度较高，时间较长，火香会比较浓郁。当然如果有焦糊味，那是品质的缺陷。

武夷岩茶有哪几类？

武夷岩茶分为五大类：大红袍、水仙、肉桂、名丛（包括铁罗汉、白鸡冠、水金龟、半天妖）、奇种（武夷山没有命名的野生茶叶树种或菜茶树种），还有一些引进的优良品种，如金观音、金牡丹、黄观音等。

冲泡方法

冲泡大红袍推荐采用工夫茶泡法。投茶量视茶壶（或盖碗）大小而定，一般为容器的三分之二，喜欢清淡的可以减少至容器的一半。

冲泡时茶水比依浓淡控制在1：20至1：30，要用98℃以上的开水冲泡，特别是第一泡。若第一泡水温低了，不但会影响大红袍的茶汤浓度和香气，还会导致后面几泡很快就没味了。注水时应悬壶高冲，水略高于容器面，然后刮去壶（杯）表面的泡沫，盖好壶盖分杯，低斟可减少大红袍茶香飘散。

每一泡可控制在15秒左右。优质大红袍冲泡8次以上余韵尚存，1~6泡的汤色基本一致，而且越泡越甘甜清澈。

辨香识韵

【茶之赏】

干茶外形：茶条紧结，色泽绿褐鲜润。

茶汤颜色：汤色橙黄明亮。

叶底外形：软亮，叶缘朱红，中央淡绿带黄，绿叶红边。

茶汤香气：根据烘焙度不同，有浓郁的焦糖香或清幽的兰花香，等级较高的有甜纯的果香。

茶汤滋味：浓醇爽滑，回甘强烈，余味悠长。

【茶之鉴】

市面上的商品大红袍多数都是拼配大红袍，它是将武夷山的不同岩茶品种按照一定比例匀堆组合而成，香气和口感在一定程度上都有所改良，原料来源相对丰富，从而价格较低。拼配本身是无可非议的，只存在拼配得好不好的问题。此外，不同地域、不同等级的大红袍价格也会相差悬殊。

大红袍代表品牌：武夷星、曦瓜、海堤。

茶杯茶语位于武夷山竹坑上的岩茶茶园

铁观音，风靡全国的乌龙茶

茶之源

铁观音属于乌龙茶的一种，产于福建安溪。安溪产茶始于唐末，宋元时期，已较为普遍。茶的主产区在西部的内安溪，这里群山环抱，峰峦绵延，云雾缭绕。得天独厚的自然环境加上千年实践传承的精湛制茶技艺，造就了安溪铁观音独特的香气与滋味。

铁观音的制作经过了萎凋、做青、杀青、包揉、烘焙等工序，可以产生丰富的变化，属于半发酵茶。轻发酵、轻烘焙的铁观音，称为清香型，接近绿茶般的清新；适度发酵、重烘焙的铁观音，称为浓香型，温厚似武夷岩茶；还有一种是烘焙后存放5年以上，称为陈香型。

铁观音的外形比较有特点，外颗粒圆整重实，呈“蜻蜓头”状，色泽砂绿。传统工艺有“绿叶红镶边”，但部分新工艺铁观音已见不到红边。

铁观音的品鉴重点是重香、重甘、重纯，茶汤9泡为限，每3泡为一阶段。第一阶段闻其香气是否高，第二阶段尝其滋味是否醇，第三阶段观其汤色变化。所以有歌诀：一二三香气高，四五六甘渐增，七八九品茶纯。

冲泡方法

铁观音推荐采用工夫茶泡法。可用瓷质盖碗或紫砂壶冲泡，盖碗冲泡可使高香更足，紫砂壶冲泡口感更佳。

正常大小的盖碗，投茶8克，用100℃的开水冲泡。正式冲泡前，需要润茶至茶叶稍微舒展。沸水悬壶高冲，可以激发高扬的香气，前几泡浸泡时间不宜太久，尤其是清香型铁观音。后几泡应视茶的耐泡度适当延长冲泡时间。

出汤时需要把水滴干净，不能有水残留在壶内，否则后续茶汤不够鲜爽。

小知识

铁观音“春水秋香”是什么意思？

春秋两季的产量占了铁观音全年产量的80%，内安溪大部分也只做春秋两季。春茶韵味悠长，茶汤淡雅含蓄；秋茶香气高远，茶汤粗犷张扬。俗话说“春水秋香”，意思是春季铁观音茶汤层次更胜一筹，秋茶则是香气突出，各有千秋。

金观音、黄观音、铁观音有什么关系？

从字面上看，三款茶名都只差一个字，看上去很像三胞胎，其实不然。前两款茶都是铁观音和黄金桂茶树杂交培育出来的，所以，铁观音与金观音、黄观音之间相当于是母女、父子的关系。

辨香识韵

【茶之赏】

清香型

干茶外形：肥壮、紧实、匀整，色泽砂绿，形似蜻蜓头、青蛙腿。

茶汤颜色：黄绿或金黄色，清澈透亮。

叶底外形：软亮，肥厚，匀整。

茶汤香气：清香持久，兰香浓郁。

茶汤滋味：鲜醇爽口，回甘明显。

浓香型

干茶外形：肥壮、紧实、匀整，色泽乌润微黄，形似蜻蜓头、青蛙腿。

茶汤颜色：金黄或深金黄色，透亮似琥珀。

叶底外形：软亮，肥厚，匀整，红边明显。

茶汤香气：浓郁持久，甜香、自然花香明显。

茶汤滋味：醇厚甘甜，口感顺滑。

【茶之鉴】

优质铁观音茶条卷曲、壮结、沉重，呈青蒂绿腹蜻蜓头状，色泽鲜润，砂绿显，红点明，叶表带白霜。取少量茶叶放入茶壶，可闻“当当”之声，其声清脆为上，声哑者为次。

凤凰单丛，茶叶中的香水

茶之源

广东潮州凤凰山是凤凰单丛的原产地，主峰乌髻山海拔 1498 米，是粤东最高峰；第二主峰乌岽山，海拔 1391 米，所产的单丛茶名气最大。凤凰山从山底到顶峰都有茶园，较大的落差也让茶的风格变得多样化。低山茶烘焙程度高，滋味浓郁，越往高处走，茶香越清纯持久，有高山韵味。

凤凰单丛茶属于乌龙茶。之所以叫“单丛”，是因为原先在凤凰山，茶树采取有性繁殖的方式，而不是采用“克隆”一样的无性繁殖方式种植，从而形成种类繁多、香气富于变化的整体特征。原先茶叶都是单株采摘，单株制作，如今需求量加大，虽然当地早已改为成片采茶、集中制做的方式，但“单丛”的名字被保留了下来。

不过凤凰单丛的香型依然多到眼花缭乱，目前已有的名称就有百余种。这些香型既用来形容香气，也作为茶叶的名称，同时还是对应茶树的品种名。如蜜兰香、杏仁香、黄枝香、姜花香，这是因为当地人在长期制茶过程中，不断区分特殊的香气，也将树种区分开来。

冲泡方法

凤凰单丛冲泡时，新手会有一定的难度，手法上也需要格外注意，如果冲泡不得法，容易香气不显、茶汤苦涩。潮州工夫茶冲泡比较讲究，这里主要介绍一下盖碗冲泡法。

凤凰单丛的投茶量一般应控制在盖碗 6~7 分满，水沸后冲烫盖碗等茶具，然后投茶，冲水洗茶、润茶激发茶香。洗茶最好用盖碗盖滚动，使茶转圈，然后快速倒出。接着冲泡，水量随茶叶量而定，刚刚没过茶面即可。

凤凰单丛茶出汤每次需要 10~15 秒，可冲泡十次甚至更多。很重要的一点就是水必须保持沸腾。

单丛，以前也写作单枞。实际上“枞”是另外一种叫冷杉的植物。2004 年 8 月，潮州市政府公布的名称规范中已将其统一为“单丛”，因此单枞的称谓是不规范的。

每次冲泡后出汤要沥干，不要留茶汤。公道杯里也不要留有余茶，不可和下一泡相混。

品凤凰单丛最好用易于聚香的小口杯，品茶时可以中指抵住杯底，俗称“三龙护鼎”。品饮要分三口进行。

小知识

凤凰单丛茶十大香型

凤凰单丛茶按成茶的香型可分为十类：黄枝香、芝兰香、玉兰香、蜜兰香、杏仁香、姜花香、肉桂香、桂花香、夜来香、茉莉香。

辨香识韵

【茶之赏】

干茶外形：茶条粗壮，匀整挺直。

茶汤颜色：汤色清澈黄亮。

叶底外形：叶底边缘朱红，叶腹黄亮。

茶汤香气：香气丰富多变，根据品种不同，会带有天然花香、蜜香等，烘焙稍重的也会有焦香。

茶汤滋味：滋味醇爽回甘好，口感山野韵味悠长。

【茶之鉴】

凤凰单丛茶具备干茶香、杯盖香、茶汤香、叶底香四者基本统一，而且香气幽雅清高的特点。如果干茶香气很冲，直奔鼻梁，而两三泡后就没有香味了，说明不是真正的凤凰单丛，或品质欠佳。

凤凰单丛代表品牌：天池。

台湾高山茶，高山云雾孕育乌龙精品

台湾的高山茶园

茶之源

台湾岛地型独特，整个岛中间高，两边低，岛内玉山主峰海拔接近 4000 米，自北向南由亚热带季风气候过渡到热带季风气候。这样的地理和气候条件非常适合茶树生长，尤其是高山地区所产茶最为优质和独特。

台湾高山茶以乌龙茶为主，较为知名的有冻顶乌龙、阿里山乌龙、杉林溪乌龙、梨山乌龙和大禹岭乌龙等。

冻顶乌龙

冻顶乌龙属于花果清香型茶，产于台湾省中南部鹿谷乡冻顶山一带，因山高多雾、山路陡滑，茶农们上山采茶必须好似“冻”起来一样绷紧脚尖，避免滑下去，才能到山顶，故称“冻顶山”。冻顶山山高林密，土质好，茶树生长茂盛，茶叶品质佳，但产量有限，属于台湾特有的名茶。它有淡淡的花果香，有轻焙火的韵味，茶汤金黄，口感甘醇温厚。

阿里山乌龙

阿里山乌龙属于花果熟香茶，产于台湾省嘉义县阿里山区。其风格更偏向焙火甜香，茶汤中蕴有花果香，汤感扎实，滋味清灵而复杂。

杉林溪乌龙

杉林溪乌龙产自台湾省南投县竹山镇，此地属阿里山支脉，产区平均海拔比阿里山更高，最高处为1800米的龙凤峡。杉林溪因茶区终年早晚云雾笼罩，环境冷凉，故此茶高山气浓厚。又山间杉树茶树交相掩映，使得茶有冷香。杉林溪乌龙茶多为手工精制，茶汤金黄亮丽，滋味甘醇，入口饱满，香气轻扬幽雅。

梨山乌龙

梨山乌龙产自台湾省台中市，茶园多在海拔2000米以上的山中。其茶芽叶柔软，叶肉厚，果胶质含量高，香气淡雅，茶水色蜜绿显黄，滋味甘醇，滑软耐冲泡，茶汤冷后更能凝聚香甜味儿。

大禹岭乌龙

大禹岭乌龙产区在海拔2200米以上，是目前世界上海拔最高的乌龙茶产地。这里气候寒冷且温差大，茶树生长缓慢，因此茶质幼嫩，茶味甘醇，清扬细腻，花果香独特，有独特的“冷香”。

冲泡方法

泡台湾高山茶宜用紫砂壶，通常使用工夫泡法。在家泡茶时可简化流程。

首先用沸水把茶具淋洗一遍，泡饮过程中还要不断淋洗，使茶具始终保持热度。

若是紧结半球型乌龙茶，投茶铺满壶底即可；若茶叶较松散，则稍多至壶容量的四分之一。

水沸后先洗茶，沿着壶边缓慢冲水，使茶叶打滚，当水漫过茶叶时，立即倒掉。

再次冲水至八分满，加盖，用沸水淋壶身，约45秒后，茶味即可浸泡出来。第一泡一般45秒左右出汤，第二泡60秒左右出汤，之后保持匀速平稳出汤即可。

高山茶有“七泡有余香”的说法，即方法得当，每壶茶可冲泡七次以上。

| 台湾高山乌龙 |

辨香识韵

【茶之赏】

因产地不同，台湾高山茶在外形和香气、滋味、汤色等方面各有自己的特点，但总体上都有高山韵。

干茶外形：外形美观整洁，色泽墨绿有光泽。

茶汤颜色：橙黄、金黄、黄绿等。

叶底外形：柔嫩，呈绿叶红镶边。

茶汤香气：因产地不同，冲泡后各具独特的清香、茶香、果香、焦糖香等味道。

茶汤滋味：浓郁醇厚，口感丰富回味足，当地高山韵味明显。

【茶之鉴】

台湾高山茶虽然也属于乌龙茶，但它与铁观音是不一样的。

首先是茶树不同。台湾乌龙所用的茶树品种多为“青心乌龙”，而铁观音的树种多为“铁观音”“本山”“毛蟹”等，外观虽然相似，但内质不同，形成口感差异。

其次是外形不同。台湾高山茶比较紧实，而且大部分带梗。铁观音外形相对没那么紧，而且制作时会去梗。

再次是口感不同。在浓郁度和丰富度上，台湾高山茶会更高，铁观音会清雅一些；两者的产地也赋予了地域香味，区别明显，入口便能感觉出来。

台湾高山乌龙茶代表品牌：王德传、有记名茶、十分春。

东方美人茶，被虫子咬出来的好茶

| 东方美人茶茶汤呈较深的琥珀色 |

茶之源

东方美人茶属于乌龙茶，是源于台湾的名茶，又名膨风茶。因其茶芽白毫显著，又名为白毫乌龙茶，其发酵度在 60% 以上，是半发酵青茶中发酵程度最重的茶，所以醇厚甘甜。1960 年左右，这款茶在英国举办的世界食物博览会上摘得银牌奖而献给英国女王伊丽莎白二世品尝。女王品尝后，对其黄澄清透的色泽和醇厚甘甜赞不绝口，赐名“东方美人茶”。其口感和香气，加上抗衰老、美白、养颜的功效，特别适合女士饮用。

东方美人茶主产地在台湾省的新竹、苗栗一带，其最特别的地方在于，茶的鲜叶必须被一种叫“小绿叶蝉”的昆虫叮咬，茶叶被咬后会产生一些特殊物质让小绿叶蝉不再吸食，本是一种自保的行为，却产生了东方美人茶醇厚的果香蜜味。

民间传说，东方美人茶被发现之初，大家并不相信被虫咬过的茶会很好喝，因此当地人都不相信，说是吹牛，当地话叫“膨风”。可这样特别的自然现象，让茶叶真的有了特殊的风味，膨风茶的别名就这样被传开了。

冲泡方法

东方美人茶推荐采用工夫茶泡法，可以用瓷壶或白色盖碗冲泡。因其发酵度高，内含物容易浸出，所以水温不宜过高，95℃左右为宜。浸泡30~45秒后倒出。

使用白色盖碗，可以欣赏茶叶在水中的美姿及琥珀色茶汤。也可以冷藏后饮用。或者使用冷泡法：4~5克茶叶用500毫升常温水泡，冷藏6~8小时后饮用。

东方美人茶还可以像红茶一样有多种花式喝法。加入一两滴白兰地，味道会近似香槟；加入鲜奶，就成了蜂蜜奶茶；加入水果酒，可调制成鸡尾酒。

辨香识韵

【茶之赏】

干茶外形：叶身白、绿、黄、红、褐五色相间。

茶汤颜色：呈较深的琥珀色。

叶底外形：肥厚明亮。

茶汤香气：带有熟果香和蜂蜜的芬芳。

茶汤滋味：浓厚甘醇。

【茶之鉴】

东方美人茶大都呈现出绿、红、白、黄、褐色相间的鲜艳色彩。其学名为“白毫乌龙”，因此，除了外观呈五彩色，茶心有肥厚晶莹的绒毛也是其独有的一个特征。

正山小种，世界红茶的发源

| 正山堂金骏眉采摘地，世界红茶发源地桐木村 |

茶之源

正山小种红茶出自武夷山，而且它是世界上第一款红茶，是红茶的起源。

武夷山最初只产绿茶。明末清初，社会动荡，有一支军队路过武夷山桐木村，正在做茶的村民赶紧躲了起来。第二天，村民返回后发现茶叶已经变红、变蔫，但他们舍不得扔，就将茶叶炒制后揉成条形，再用松木焙干。制成的茶有松烟香，同时被熏得乌黑发亮，泡出来的茶汤近橙红色，有桂圆味。这种特别的口感竟颇受欢迎，成就了最初的正山小种，红茶的全发酵工艺也逐渐形成。

桐木村位于武夷山自然保护区，这里山高谷深，云雾缭绕，海拔多在700~1200米。地形有丹霞地貌的特点，土壤多为岩石风化土，这些条件形成了正山小种特别的香气和滋味。因为环境保护很好，桐木一带的生物多样性很高，茶树多与其他竹木、苔藓相伴而生，所产茶有地域风味，如果常喝的话很容易和其他红茶区别开。

所谓正山，正是指在武夷山桐木生长、制作出的小种红茶。品种、生长环境、工艺等三大因素共同作用，让正山小种呈现出与众不同的风味。

小知识 

红茶"新贵"金骏眉

2005年，在机缘巧合下，全芽头的正山小种出世，并取名为"金骏眉"。金骏眉由于嫩度高、产量小、香气和滋味极富有特色，可谓是红茶里的"新贵"了。

冲泡方法

正山小种很适合用盖碗冲泡，茶叶量占盖碗的三分之一，水温在 90℃左右，第一泡 30 秒后出汤，之后以此为基准，按个人口感匀速出汤即可。

正山小种中的精品金骏眉更嫩，所以冲泡时投茶量可略少，茶叶量占盖碗的四分之一，水温也要略低，80~90℃为好，第一泡 15 秒后出汤，之后的每一泡依个人喜好比前一泡多等待 5~10 秒即可。

辨香识韵

【茶之赏】

干茶外形：茶条肥壮，紧结圆直，色泽乌润。

茶汤颜色：金黄或橙黄。

叶底外形：肥厚红亮。

茶汤香气：木质香、果香、蜜香。

茶汤滋味：甘甜滑顺。

【茶之鉴】

正山小种干茶条形较小，闻香时香味更浓，耐泡程度也更好。

一般的茶汤冷后会出现苦味或涩感，上好的正山小种茶汤冷后仍甜味润口。

传统烟熏制的正山小种与使用机械设备烘干的新工艺无烟正山小种之间没有高低之分，都别具特色。只是传统工艺制作的松烟香比较明显，颜色更深，近似酒红色。

目前市面上绝大部分都是无烟的新工艺正山小种。因为传统正山小种熏制用到的松木成本较高，而且人们对熏制品的需求也在逐渐降低。

正山小种、金骏眉代表品牌：正山堂。

滇红，就是云南的浓香滋味

云南红茶产区的茶园

茶之源

云南红茶简称滇红，由冯绍裘先生创制于民国年间。滇红主要分为滇红工夫和滇红碎茶两种。滇红工夫又称滇红条茶，于1939年在凤庆与勐海县试制成功，当时命名为云红，1940年改名滇红。因形美、色艳、香高、味浓而博得市场赞誉。

红碎茶以大叶种红碎茶拼配而成，有叶茶、碎茶、片茶、末茶4类。采用优良的云南大叶种茶树鲜叶，经萎凋、揉捻（或揉切）、发酵、烘烤等工序制成成品茶。1958年试制成功，1964年开始批量生产。

滇红的主产区位于滇西南澜沧江以西、怒江以东的高山峡谷区，包括临沧、保山、凤庆、西双版纳、德宏等地。产地境内群峰起伏，平均海拔1000米以上。属于亚热带气候，年均气温为18~22℃。产区森林茂密，落叶枯草形成了深厚的腐殖层，土壤肥沃，长出的茶树高大，芽壮叶肥，且有着茂密的白毫。茶叶中的多酚类化合物、生物碱等成分含量也非常高。

冲泡方法

冲泡滇红推荐采用工夫茶泡法，使用盖碗或瓷壶冲泡。投茶量在4~5克，加水150毫升左右。

使用95℃左右的开水冲泡，冲水后第一泡20秒出汤，然后将茶汤倒入品茗杯中饮用。

小知识

滇红工夫茶取一芽一叶或一芽二叶制成，成品茶芽叶肥壮，芽头秀丽完整，金毫显露，色泽乌黑油润，汤色红浓透明，滋味浓厚鲜爽，香气高醇持久，叶底红匀明亮。红碎茶外形颗粒重实、匀齐、纯净，色泽油润，内质香气甜醇，汤色红艳，滋味鲜爽浓强，叶底红匀明亮。二者最明显的差别在于，工夫茶呈肥硕紧实的条状，红碎茶呈颗粒状。

辨香识韵

【茶之赏】

干茶外形：茶条紧直肥壮，芽头秀丽完整，金毫多而显露，色泽乌黑油润。

茶汤颜色：红浓透明。

叶底外形：红匀明亮。

茶汤香气：花蜜香，薯香馥郁。

茶汤滋味：浓郁强烈，鲜爽度高，回甘强。

【茶之鉴】

冲泡后的滇红茶汤红艳明亮。高档滇红，其茶汤与茶杯接触处常显金圈，冷却后立即出现乳凝状的冷后浑现象，这是优质滇红的一大表现。

品饮时，从杯口吸吮一小口滇红茶汤，茶汤滋味会通过舌头扩展到舌苔，直接刺激味蕾，适合细细啜品。

滇红红碎茶非常适合调饮，加牛奶后仍有较强的茶味，呈棕色、粉红或姜黄鲜亮色泽。红碎茶也是很多袋泡茶的主要原料。

| 滇红代表品牌：凤牌、凤宁号、65 里林间茶。

祁门红茶，用香气征服世界

| 祁门红茶产区 |

茶之源

祁门红茶简称祁红，属于红茶类，主产于安徽省东至、祁门、石台、贵池及黟县。因祁门是最早的红茶集散地，上述茶区所产红茶，统称祁红。

祁红产区的生态环境优越，山地林木多，温暖湿润，土层深厚，雨量充沛，云雾多，是茶树生长的天然佳境。加上当地茶树的主体品种（楮叶种）内含物丰富，有独特的香气前体物质，形成了祁红独特的香气品质。

祁门红茶有着类似玫瑰花的甜香，也有人说似花似果似蜜，被国际市场冠以特有名词“祁门香”，它与印度大吉岭红茶、斯里兰卡乌瓦红茶一起，被公认为世界三大高香红茶，也被誉为“红茶皇后”。

祁红做工精细，在红茶的基本制作工艺上，需要十余道精加工步骤，按粗细大小分级，传统称为祁门工夫红茶。其中将茶叶切断的工艺，也算是祁红的特色了。为了更好地满足市场需求，祁红在工夫红茶的基础上，创新加工方法，形成了富有特色的系列产品，主要分为三种：传统祁门工夫、弯曲形的祁红毛峰、卷曲形的祁红香螺。

冲泡方法

从常用的玻璃杯到普通的茶碗，再到到个性十足、形态各异的小茶杯，都可以用来冲泡祁红。饮用方式也是多种多样，从袋装泡饮，制作各种颜色、各种口味的特色红茶都可以。清饮祁门红茶，用大杯泡(中投法)、工夫茶泡法都可以，冲泡一般选用瓷质茶壶、茶杯。

以工夫茶泡法为例，水烧开后，先冲洗茶具，让茶具自然升温。然后投茶，茶水比在1:50左右，用90℃左右的开水冲泡。注水应细柔，既让茶叶充分浸润，又可以减少苦涩感。浸泡45秒后倒入小杯，不要着急喝，可以轻捧在手，放在鼻尖下轻闻，体验一下“祁门香”的醇厚绵长。

祁门红茶可以反复冲泡，3泡后香味依然留存，虽然淡雅，但仍然清晰可闻。

辨香识韵

【茶之赏】

干茶外形：茶条紧细，色泽乌黑鲜润泛灰光，俗称“宝光”。

茶汤颜色：红艳透亮。

叶底外形：嫩软红亮。

茶汤香气：清香持久，似果香又似玫瑰香。

茶汤滋味：滋味醇厚，甜度好，回味持久。

【茶之鉴】

祁门红茶与武夷山的金骏眉、云南的滇红区别明显。

外形上，滇红成品茶茶条紧直肥壮，金毫多而显露，金骏眉茶条细紧挺直，茶毫数量适中而明显，祁红茶条紧细，毫毛少，且因采用切断的工艺，茶条短且整齐。

香气上，三者差别较大，滇红有薯香，金骏眉有甜香、蜜香，祁红有一种特殊的花香，常形容为玫瑰香。

祁门红茶代表品牌：润思、天之红、谢裕大。

英德红茶，香飘海外的中国红茶

茶之源

英德红茶属于红茶类，产自广东省英德市。英德位于南岭山脉东南部，这里属于南亚热带向中热带过渡的地区，温暖多雨，既无严寒，也无酷暑。地形以丘陵和台地为主，土壤多为红壤土、黄壤土，自然土壤肥力较好，非常适合茶树生长。

英德产茶历史悠久，种茶历史可追溯到唐朝。陆羽所著《茶经》记载岭南韶州所产茶其味极佳，英德即是韶州的其中一个茶区（另外两个茶区是曲江和仁化）。不过，英德红茶的历史并不长。1955 年英德试种国内著名茶树良种云南大叶种茶成功；1959 年，英德用云南大叶种茶搭配凤凰水仙成功试制英德红茶。

20 世纪 60~80 年代，英德已经掌握了出色的红碎茶制作技术，并将红碎茶出口欧洲，因其独特的高香名扬海外。2019 年英德红茶被国际茶叶委员会授予“世界高香红茶”，再次肯定了英德红茶以高香闻名的地位。

英德红茶中还有一种香料茶——荔枝红茶。它是选用英德工夫红条茶，加注荔枝汁，使红茶充分吸收荔枝汁的香味，冲泡出来的茶汤荔枝香气芬芳，滋味鲜爽香甜。

冲泡方法

冲泡英德红茶一般选用瓷制茶具，盖碗冲泡或茶壶冲泡均可，可以使用乳白色的茶杯，能更好地看清楚汤色。

取 5 克左右的干茶放入盖碗中，倒入 85~95℃的开水，快速润茶一次，然后继续注水，5~10 秒即可出汤。

小知识

英红九号

英红九号是英德红茶中的精品。最初为了方便研究，就给一系列预备品种编号，有 1 号、2 号，一直到 22 号，其中综合品质最高的为英红九号。所以，英红九号既是茶树品种名，也是红茶产品名。它茶汤红亮，滋味浓烈，适合清饮。

英红九号茶还开发出了一系列优质产品，根据嫩度和季节，分为金毫、金毛毫、金英红和英红九号四个等级。金毫原料以单芽为主，金毛毫以一芽一叶初展为主，金英红、英红九号以一芽二叶为主，英红九号采摘稍晚一点。

盖碗或者壶中不可残留茶水，出完汤之后把盖子打开散热。之后根据自己的口感，可以灵活调整出汤的时间。

如果是大杯泡，茶水比可控制在1:70，即3克茶约加200毫升水，水温为85~95℃，浸泡5分钟。这样的冲泡方法可以一次性将茶中的大部分物质冲泡出来，同时温度也刚好降到可以饮用，英德红茶浓强鲜爽的特点能够被极大地发挥出来。

辨香识韵

【茶之赏】

干茶外形：条索紧结重实，色泽油润，细嫩匀整，金毫显露。

茶汤颜色：中小叶种汤色橙红，英红九号汤色浓红。

叶底外形：柔软红亮。

茶汤香气：香气清高。英红九号花香、甜香、薯香浓郁。

茶汤滋味：中小叶种滋味鲜爽，英红九号滋味浓强。

【茶之鉴】

英德红茶品种类型较多，大致分两种，一种是中小叶品种，一种是大叶的英红九号，都可以统称为英德红茶。选择时可以留意一下外形，一般叶型较小、色泽乌褐的是中小叶品种，包装上一般会标记为“英德红茶”。叶型较大、外形粗壮、金毫明显的是英红九号，因为这个品种最为出名，特征也最明显，包装上一般会直接标记“英红九号”。

英德红茶代表品牌：国畅、积庆里。

安化黑茶，茶马古道上的粗犷醇厚

| 千秋界生态茶庄园，位于湖南安化县云台山脚下 |

茶之源

安化黑茶是名副其实的黑茶，因产自湖南益阳市安化县而得名。

黑茶的基本工艺流程是杀青、初揉、渥堆、复揉、烘焙。由于所用原料较粗老，制造过程中堆积发酵时间又较长，所以制成的茶叶色油黑或黑褐，故称黑茶。在古代，黑茶主要是卖给边区的少数民族，以换取马匹，所以又称边销茶。

16 世纪以前，朝廷以茶易马，用的主要是四川黑茶，后来由于湖茶所产黑茶量多且质好价廉，逐渐取代了川黑茶。

安化黑茶采用安化山区种植的大叶种茶叶制成，先是经过杀青、揉捻、渥堆、烘干，制成毛茶，在此基础上通过人工后发酵和自然陈化，最终制得安化黑茶。

安化黑茶主要品种有“三尖”“三砖”“一卷”。“三尖”又称为湘尖茶，即天尖、贡尖、生尖；“三砖”是指茯砖、黑砖和花砖；“一卷”是指花卷茶，因成品每支的重量合 1000 两（古代计量），故俗称“千两茶”。按今天的计量单位，一支千两茶约为 36.25 千克。

黑茶除了安化黑茶，还有湖北老青茶、四川边茶和滇桂黑茶（广西六堡茶、云南普洱熟茶）等。

在茯砖茶中，有一种俗称“金花”的益生菌，呈黄色颗粒状，学名叫冠突散囊菌，在特定的温湿度下能够在茯砖茶中生长，过程中还会促进茶叶内含物发生转化，形成特有的色香味。目前关于它的调节肠道消化、降血脂、提高免疫力等有益功效，已有不少研究成果。

冲泡方法

冲泡黑茶推荐采用工夫茶泡法。宜选择粗陶、紫砂等可以聚温、激发滋味的茶具，以厚壁紫砂壶或陶壶为宜。

高档砖茶及三尖茶茶水比为 1: 30 左右，粗老砖茶为 1: 20。投茶量较多而且茶叶粗老的，用 100℃的沸水冲泡。

若使用紫砂壶冲泡，为保持温度，还可以在冲泡前用开水烫热茶具，冲泡时在壶外淋开水。

用紫砂壶冲泡和陶壶冲泡时，浸泡时间都可控制在 20~30 秒。

黑茶可冲泡 10 余次，随着冲泡次数的增加，冲泡时间应适当延长，以确保浓度均衡。

辨香识韵

【茶之赏】

干茶外形：紧压茶砖面完整，模纹清晰，棱角分明，侧面无裂；散茶茶条均匀整齐、油润。茯砖茶要求有均匀而明显的金花。

茶汤颜色：橙黄明亮如琥珀。

茶汤香气：带菌花香或松烟香。

叶底外形：均匀完整，呈青褐色。

茶汤滋味：醇和而甘甜。

【茶之鉴】

按照标准生产的黑茶产品，茶表黑褐油亮，茶身紧结，压印的文字、图案标准清晰。选购时注意包装完整，要有明确的生产日期和生产厂家。

此外，正宗安化黑茶汤色橙黄，香气纯正，前几泡茶汤松烟味较浓，茶汤颜色橙黄亮，至后面几泡茶汤金黄明亮，口感甜醇滑爽，清香。这是其他冒充品无法达到的。

安化黑茶代表品牌：白沙溪、千秋界、湘丰。

六堡茶，一味祛湿解热的“良药”

茶之源

六堡茶属黑茶类，产于广西壮族自治区梧州市。在1500多年以前，六堡茶就是古苍梧一带的居民日常饮品了，当地居民用它来防治腹泻、治瘴气、防暑祛湿等。后来六堡茶一直以出口为主，颇受东南亚国家和地区欢迎，只是国内知道的人不多。

在南洋地区，六堡茶就是华侨、华人的“思乡之物”。不仅是因为它来自家乡，更因为它祛湿解热的功效，为身处异乡的华侨、华人解除了疾病之苦，呵护他们的健康。

大多数茶都是以新为美，而六堡茶却是以陈为佳。初制后的六堡茶需要装篓经过一定年份的陈化，陈化出来的茶，滋味变得浓醇，香气变得沉稳。冲泡出来的茶汤，红浓明亮，散发清纯的菌香，入口微苦，过后回甘十足，口感也很绵柔，成为真正意义上的六堡茶。陈化后，其茶性也变得更为温和，减少了对肠胃的刺激，再加上有益菌群的相辅相成，坚持饮用，有祛湿健脾、暖胃暖身的功效。特别适合身体湿气重而食欲差、周身乏力的人饮用。

小知识 

六堡茶的“金花”是怎么回事？

六堡茶在制作时，可通过特殊的发花工艺，让茶中也和茯砖茶一样，出现金黄色的“金花”，这些有益菌可以分泌淀粉酶和多酚氧化酶，催化茶叶中的淀粉转化为单糖，催化多酚类化合物氧化，使茶叶汤色变棕红，消除青味。

冲泡方法

六堡茶推荐采用工夫茶泡法，可用瓷质盖碗、紫砂壶等冲泡，还可以煮饮。这里主要介绍盖碗冲泡和煮饮法。

瓷质盖碗不吸味，可泡出茶叶的真实口感，适合冲泡 3~5 年较新的六堡茶。

用沸水洗涤茶具，同时提高茶具的温度。投茶量为 1/3 盖碗。

用沸水快速润洗两遍茶叶，起到醒茶的作用，以利于茶性更好地展现。第三泡开始饮用，一般第四、五泡口感最好。冲泡过程中，根据茶汤的颜色来控制冲泡的时间，调节茶汤的浓度。

对于 5 年以上的老茶，可使用煮饮法。茶水比约为 1:50，润洗后置入壶中，小火煮 10 分钟，停火闷 5 分钟，即可饮用。饮至约 1/3 处，续水再煮，直至茶味淡。

辨香识韵

【茶之赏】

干茶外形：色泽黑褐光润，茶条紧细圆直。

茶汤颜色：红浓明亮。

叶底外形：黑褐饱满，油润光亮。

茶汤香气：香气醇陈，有槟榔香味。

茶汤滋味：醇和爽口、略感甜滑。

【茶之鉴】

六堡茶和安化黑茶都是黑茶的代表，二者各具特色。

外形上，安化黑茶的梗会多一些，这是原料的要求不同所致。汤色上，六堡茶更红亮，安化黑茶偏橙色。香气上，六堡茶有标志性的槟榔香，这是在陈化过程中，地域、存放共同的结果，而安化黑茶普遍以菌花香、松烟香为主。口感上，安化黑茶更显清爽，而六堡茶更醇厚一些。

六堡茶代表品牌：中茶、茂圣、三鹤。

普洱茶，时光的轮转尽在这杯茶汤

茶之源

普洱茶旧时称为“滇青”，目前根据工艺的不同分为生茶和熟茶。生茶是以晒青绿茶为基础进一步加工制成的，熟茶则需要深度的后发酵，分类上属于黑茶。普洱茶主产于云南省的西双版纳、临沧、普洱等地区。因为最初的运销集散地在普洱，所以称为普洱茶。

普洱茶是用云南大叶种茶的鲜叶制成，产区终年雨水充足、云雾弥漫、土层深厚、土地肥沃、无污染，所以茶叶品质很高。普洱茶根据制作工艺的不同分为生普和熟普两种。生普是用当年的茶叶直接压制成饼，不经过人工发酵，陈放自然发酵而成的；熟普是经过人工渥堆发酵数十天之后再精加工而成的。无论是生普还是熟普，成品后都还持续进行着自然陈化过程，具有越陈越香的独特品质，时光的轮转就这样蕴藏在一杯普洱茶中。

普洱茶根据外形又分为散茶和紧压茶两类。紧压茶就是我们常见的茶饼、茶砖、沱茶等，方便储存。散茶香气发散快，适合及时饮用，不便存储。

冲泡方法

冲泡普洱茶推荐采取工夫茶的冲泡茶具和冲泡方式。

视茶具大小，用茶刀从紧压茶（饼、砖、沱等）撬下适量（5~10 克）普洱茶，投入茶壶中。

冲入约茶具容量四分之一的沸水，然后快速倒去，清洁并唤醒茶叶。

再次冲入沸水泡茶。第一泡倒入沸水冲泡 10 秒左右，倒出茶汤到公道杯中。

将公道杯中的茶汤均匀地倒入品茗杯中，即可品饮。

普洱茶的投茶、水温、冲泡时间、冲泡方式等可根据自己的口味，以及茶的生、熟、老、嫩、松、紧等情况做不同的调整，这样才能得到最好的风味。

辨香识韵

【茶之赏】

生普和熟普无论是在外观还是风味上，都有明显的差异。

生普

干茶外形：茶条粗壮肥大，色泽墨绿、褐绿色，优质茶条里有白毫。

茶汤颜色：汤色明亮，浅黄绿。

叶底外形：叶底黄绿，柔润，比较完整。

茶汤香气：清香高扬，花果香明显。

茶汤滋味：入口略感苦涩，略停留时满口芳香。

熟普

干茶外形：茶条粗壮肥大，色泽褐红或深栗色，俗称“猪肝红”。

茶汤颜色：汤色红浓透明。

叶底外形：叶底褐红或深栗色，易碎。

茶汤香气：陈香馥郁持久。

茶汤滋味：入喉顺滑有质感，几乎不苦涩。

【茶之鉴】

不管是茶饼、沱茶、砖茶，还是其他有着各种外形的茶，先看茶叶条形是否完整。若一块茶饼的外观看不出明显的条形（一片片茶叶形成的纹路），而显得碎与细，说明品质不好。

普洱茶因有收藏价值，所以鉴别老茶真假非常重要。因为老茶的鉴别难度更大，市场鱼龙混杂，如果是品饮的话，没有问题，但若是收藏投资，建议学习更多相关知识。

一饼普洱茶的重量为什么是357克？

现在，常见大小的一饼普洱茶大多都是357克。为什么普洱茶要做成357克呢？这与古代计量有关系。

古代涉边交易，政府为了减少度量衡纠纷，便于征税和交易，实行了标准化。规定饼圆茶七饼为一筒，即所谓七子饼，每饼重357克，刚好每1筒重2.5千克，非常方便过去茶马古道上的茶商计算重量。

普洱茶年代越久远越好吗？

只有质量合格的产品在合适的储存条件下，在一定时间范围内，茶的品质才会朝好的方向转化。一款茶如果起初质量未能达标，或者是后期储存不当，那么不论放多长时间，茶叶品质都不会好。

普洱茶代表品牌：大益、龙润、福今。

柑普茶，陈皮与普洱的完美结合

茶之源

柑普茶是采用特殊工艺，将柑果和普洱茶融合酝酿而成的一种再加工茶，它别具风味，兼具柑皮和普洱的功效。

柑普茶的种类主要以柑皮来分，柑皮按不同的成熟程度，分为柑胎、小青柑、青柑、二红柑、大红柑。

柑胎：也叫柑仔。从小指头到拇指头大小的都有，颜色呈墨绿色，捏起来硬而紧实。

小青柑：小青柑比乒乓球还要小，皮呈深绿色，小巧可爱，携带方便，口味清新独特。

青柑：小青柑再长1~2个月，就成青柑了，这时柑皮还未完全成熟，皮还是绿的。

二红柑：一般采摘于10~11月份，果实将熟未熟，表皮色泽黄多绿少。

大红柑：大红柑完全成熟了，表皮橙红，油多而饱满，皮也比较厚实，闻起来味道醇甜。

其中小青柑和大红柑目前最受欢迎，也是最常见的两种柑普茶。

橘普、柑普和陈皮普洱有什么区别？

橘普：只要是橘子，不管是什么品种、什么产地，掏空后塞进普洱茶都可以叫做橘普。冲泡后茶汤香味不明显。

柑普：一定要用新会柑才正宗。果皮油包颗粒较大且清晰可见。做成的柑普茶，冲泡后茶汤香甜回甘。

陈皮普洱：是陈化多年的陈皮，搭配云南普洱熟茶的混合调味茶。它综合了陈皮独有的果味清香和云南普洱特有的甘醇爽甜，茶汤细腻滑爽，回味甘甜，比起普通柑普口味大大提升。

掰碎的柑普茶

冲泡方法

冲泡柑普茶推荐采用工夫茶泡法，水温为100℃。投茶量的把握比较简单：小青柑整颗泡就好，大红柑一颗可分四次泡，柑皮和茶的比例可随心调整。对于小青柑，还有不同的泡法选择。

捏碎泡 将柑普小心掰碎，将柑皮与茶叶放入壶中，洗茶一遍。洗茶要快，因为捏碎的茶浸出速度很快。

九孔泡 针对小青柑，可用茶针在柑普上均匀地戳九个孔，放入壶中，直接注水冲泡，闷泡2~3分钟即可。厂家已戳孔的，可直接冲泡。

辨香识韵

【茶之赏】

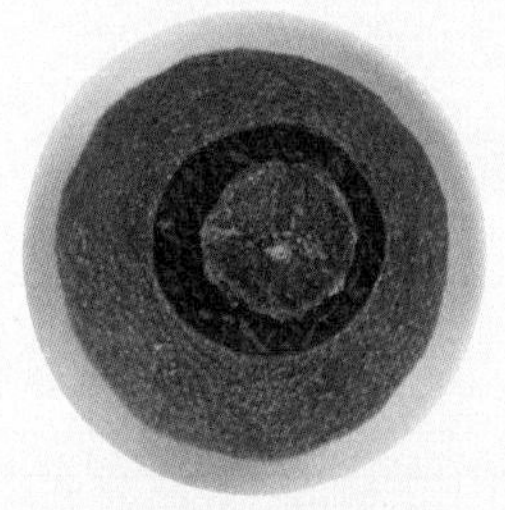

干茶外形：陈皮除了开口处，其余部分都是完整的。

茶汤颜色：清亮透明，呈暗栗色，表面会出现油雾。

叶底外形：肥厚，油亮，有韧性。

茶汤香气：茶香中带着淡淡的果香味，香气清幽。

茶汤滋味：大红柑入口醇厚爽滑，兼有普洱茶的陈香和柑皮的甘甜，小青柑则更加酸甜清爽。

【茶之鉴】

新制柑普茶和陈柑普茶口味差别较大，价格也相差较大，注意辨别。

从外观看，3 年以内的柑普茶颜色呈浅黄色，柑皮上的颗粒较细小。陈放 3 年以上的柑普茶呈深褐色。制作精良的柑普茶开口小，切口边缘也比较整齐。香气和口感上，年份较短的柑普茶，通常柑皮味相对淡，而年份较长的柑普茶，陈皮的味道凸显，有特殊的甜感，茶汤也更醇厚。

茉莉花茶，越喝越美的养颜茶

茶之源

茉莉花外表并不惊艳，但它的香味足以压倒众香花，唐代诗人李群玉便有“天香开茉莉，梵树落菩提”的诗句，既称赞了茉莉花的香，又将它放在一个非常尊贵的位置。茉莉花的这种幽香与茶叶的清香结合，成就了茉莉花茶含蓄清幽、香而不浮、爽而不浊的气质，喝来花香入骨，令人精神振奋。

茉莉入茶已有1000多年历史，最早发源于福建福州。不少名流才子都爱上过茉莉花茶，张爱玲写过一篇中篇小说《茉莉香片》，茉莉香片正是茉莉花茶。作家老舍同冰心交好，据说老舍常去冰心家探访，很大一个原因，就是冰心的故乡盛产茉莉花茶，他去了总能蹭茶索茶。

茉莉花茶属于花茶，主要的制作工序是窨（yìn）制。“窨”有熏的意思，就是根据茶坯具有吸香、鲜花具有吐香的特性，将茶叶和鲜花层层叠叠覆盖，使茶坯充分吸收花香而制成花茶。好的茉莉花茶需要反复窨制数次。

经过窨制的茉莉花茶，兼具花与茶的双重功效，既能养颜，又可疏肝解郁、安定情绪、松缓压力。

| 窨制茉莉花茶 |

冲泡方法

茉莉花茶用大杯泡、工夫茶泡法皆可，大杯泡时选择下投法，使用玻璃杯冲泡，水温90℃左右为佳。

温杯后放入5克茉莉花茶，然后注水200毫升。注水完成后，一手托杯底，另一手扶杯，将茶杯沿顺时针方向轻轻倾斜转动约30秒，使茶叶进一步吸收水分，即可闻到茶汤的香甜味。

工夫茶泡法可用盖碗，采用“低中高”注水法。即头泡低注，二泡中斟，三泡高冲，一般冲水至八分满为止。这样泡出来的茉莉花茶，花香飘溢，滋味鲜爽。水温和投茶量与玻璃杯泡法相同。

若使用500~800毫升的大壶泡，投茶量可以加大到10~15克，可以反复冲泡多次。

辨香识韵

【茶之赏】

干茶外形：茶条清晰，长短均匀整齐，色泽黄褐。

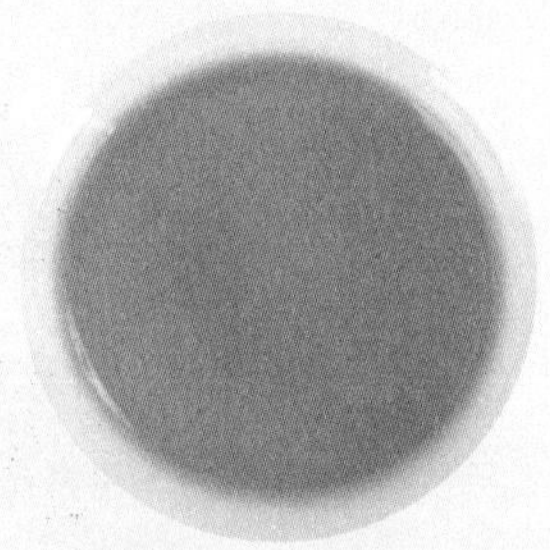

茶汤颜色：黄绿明亮。

叶底外形：嫩匀柔软。

茶汤香气：茉莉花香鲜灵持久。

茶汤滋味：醇厚鲜爽，香气入水。

【茶之鉴】

窨制茶制作工序繁琐，成本高，于是一些不法商家会向茶中添加香精，假冒窨制茶出售。可以采用以下方法鉴别：

（1）香精茶第一泡的茶汤香味明显而刺激，且香感分离，挥发性强，与茶香差别大，第二泡开始香气就很弱；而窨制茶茶香溶于水，两三泡后茶香犹存。

（2）拿一张无气味的纸巾盖在盛花茶茶汤的杯子上，或者蘸一下茶汤，若能在纸上闻到香味的，则表明是香精茶。而且，香精茶茶汤有类似香皂水的气味。

更多分辨方法，可参见第五章“香精茶该怎么分辨”一节。

|茉莉花茶代表品牌：张一元、吴裕泰、春伦。

抹茶，古典又时尚，可以吃的茶

茶之源

抹茶是以无公害优质鲜叶为原料，经碾磨而成的天然超细蒸青绿茶粉末，可以直接食用。

很多人以为抹茶起源于日本，其实抹茶原本产生于中国，只是后来兴盛于日本。中国古时称作末茶，起源于隋朝时期，当时茶文化盛行，有一种“煎茶法”，就把最新鲜的绿茶磨碎了冲泡。这种饮用方法到了宋朝很是流行，并被从日本来学习的禅师带了回去，逐步发展成为日本国粹——日本茶道。就这样，它在异国开始发扬光大，并且有了一个更被现代人熟知的名字——抹茶。

普通茶虽然营养成分很高，但茶叶里真正溶于水的部分仅有三分之一，大量的不溶于水的有效成分都被当做茶渣扔掉了。食用抹茶相比于喝茶能够汲取更多的营养，研究表明，一碗抹茶里的营养成分超过 30 杯普通绿茶，这种认识的普及，也是抹茶近几年在国内得到快速发展的一大原因。

抹茶的制作有两个关键：覆盖栽培和蒸青。当茶叶生长到一芽二叶初展的时候，就要对嫩梢进行 20 天左右的覆盖遮阴，用遮光材料覆盖整片茶园，滤去 90% 的阳光。经过遮阴，茶树新生的叶片中会生成更多的叶绿素，赋予并保留原料鲜叶独特的翠绿色，形态上也更大、更薄、更嫩；同时，茶氨酸含量的增加和儿茶素含量的减少使得茶叶中的苦涩味降低，鲜味、甜味更佳。采摘下的新鲜茶叶当天使用蒸汽杀青法干燥，以利于形成诸多香气组分，构成了抹茶特殊的香气和口感。

冲泡方法

饮用抹茶通常按照茶道的方式，遵循一系列的规则。基本方法是：先在茶碗中放入少量抹茶，加入少量温水，然后搅拌均匀。若是饮用浓茶，用 4 克抹茶，加 60 毫升水，有点像浆糊状。若是饮用薄茶，用 2 克抹茶加 60 毫升水。然后用茶筅按照 W 的轨迹贴着碗底前后刷搅，使之拌入大量的空气，形成浓厚的泡沫，非常悦目，饮用爽口。

现代抹茶的冲泡更简化：先将碗或玻璃杯洗净，再将一平匙抹茶倒入，冲入适量温水（60℃即可），用茶筅将抹茶搅开后即可享用。

传统的点茶对于现代人来说太费时费力，所以我们接触的多是加了抹茶元素的食品、饮料，甚至是化妆品。

小知识

茶筅

茶筅是古时烹茶时的一种调茶工具，以竹子做成，主要是用来搅拌抹茶起泡沫。

宋代点茶流行，茶筅成为必不可少的工具。在向茶粉注沸水的同时就要用茶筅快速搅拌，使茶汤发泡。以发泡程度评论茶技高低。

茶筅用过后要洗干净，晾干。洗干净后，竹丝的形状要用手指整理，可以轻轻向外拨一下。避免竹丝都聚拢来，使用时影响抹茶泡沫的生成。

辨香识韵

茶粉：闻起来有类似海苔的清香鲜气，味苦涩。抹茶对光很敏感，长时间阳光直射后会变成土灰色。

茶汤：呈现丰沛细腻的泡沫，汤色翠绿，口感细腻，鲜美清香。

抹茶代表品牌：御茶村、贵茶。

白茶，久藏更好喝

白茶有“一年茶、三年药、七年宝”的说法，越陈越香。白茶的价格也会随着年份的变化而增长，因此，越来越多的人开始自己存白茶。但是，存白茶也不能盲目，选哪种白茶存、怎么存、存多久、久存后的白茶怎么冲泡更好喝，都需要我们深入了解。

弄清了这些，才能收藏白茶

哪种白茶值得收藏

白茶按照嫩度由高到低可分为白毫银针、白牡丹、贡眉、寿眉等。白毫银针和白牡丹趁新喝鲜甜味美，经过存放，会呈现微微果香；贡眉和寿眉存放之后，汤色从浅黄到橙黄再到橙红，会出现梅子香、枣香和药香等。

贡眉和寿眉产量高，价格相对较低，适合长期储存。当然，若是有条件，存白毫银针和白牡丹也是很好的。但相对来说，贡眉和寿眉更适合长时间存放，年份对品质的影响会更明显被感知。白牡丹存放后口感最为均衡，会有不错的蜜香和甜感。白毫银针本身风格清淡，久存后转变也不太明显。

白茶能存放多久

白茶可以存放 20 年以上，但这也是对于质量较好的白茶才有意义。白茶储存越久，其口感越醇厚浓香、回味悠长。所以，收藏白茶会有“品老茶、藏新茶”一说。

如何存放白茶

白茶在常温环境下干燥储存即可，但要注意避光，以免茶叶氧化，有效成分分解，影响口感。还要避免接触各种气味明显的物品。

存放多久最好喝

新白茶香气中带有清新的甜味，喝起来甘鲜爽口，但凉性较重，不宜多喝。

存放 3~5 年的白茶，经过陈化，其内质逐渐沉淀，口感趋于稳定，厚重感增强，凉性已褪。

存放 7~10 年的白茶，原本的清香转化为陈香、蜜香，甚至出现花香、果香、药香，而且滋味变得越来越醇厚。

老白茶要慢慢泡、慢慢煮

老白茶十分耐泡，若是慢慢泡，10 多泡都没问题，用来煮饮，则更加浓醇。

老白茶怎么煮更好喝

老白茶可以先冲泡 5 次左右，然后放入耐热玻璃壶或者陶壶煮。10 克茶约加 500 毫升水，煮开之后调成小火，慢煮 2 分钟，根据个人喜好的浓淡调整茶量和煮的时间即可。

煮出来的老白茶喝起来醇香十足，有淡淡的枣香或药香，喝完感觉十分温暖、舒畅。

老白茶为什么耐泡

耐泡跟茶叶多年转化后内含物质的丰富程度，以及加工工艺有关。

鲜嫩的茶往往泡几泡就没味了，而老白茶特别是老寿眉，随着冲泡次数的增加，茶汤浓度降低较慢。

白茶不炒不揉，日晒脱水，文火烘干，保证了叶内细胞的完整性。因此，浸出相对较慢，使得冲泡更为持久。此外，茶叶梗能够更好地保留香气、滋味，所以有一定比例茶叶梗的老寿眉更耐泡。

老白茶适合用瓷质茶具冲泡

专题三 普洱茶怎么泡才好喝

每种茶都有相应的冲泡方法和技巧。通常，一类茶只要掌握了其基本冲泡方法，都可以泡出好滋味。不过想要更细致地感受茶的滋味，就得多尝试了。特别是普洱茶，还分为生普、熟普、嫩茶、老茶、紧压茶和散茶等，其相互之间的差异还是较大的，必须采用更恰当的冲泡方法，才能获得各自不同的风味。

生普需用沸水冲泡

新茶怎么泡

生普

新的生普，茶性有点接近绿茶，但因常是紧压成饼，需要用沸水冲泡，因此时间不能过久，或者可以稍稍降低水温。避免高温闷泡而出现“熟汤味”。

熟普

正常情况下，新熟普与老熟普相比，可能会一些不足之处，如茶汤不够透亮、香气不够纯正、滋味不够醇厚等，所以要尽量做到扬长避短。采用高温润茶，有助于渥堆味的散发。注意观察浸泡时的汤色，快速出汤不闷泡，避免出现苦涩味和“酱油汤”。

老茶怎么泡

老茶经过长期的存放转化，内含物质变得更加丰富，但久存也容易产生仓味。所以必须高温醒茶、高温冲泡，以利于仓味的散发。

使用紫砂壶冲泡，也能提升茶汤的品质，更能凸显老茶醇厚的滋味特征。

老茶经过沉淀，已经进入一种品质平稳的状态，前几泡可快速出汤，后几泡可慢慢延长时间。优质的老茶能冲泡七八泡甚至十泡以上，可慢慢体会每一泡的变化。

松紧度不同的茶怎么泡

普洱茶分紧压茶和散茶，紧压茶里其实也有松紧之分，在撬茶时就可以感受到。

松紧度高的茶

一般而言，较紧结的茶在润茶时需要水温高、时间长才能充分舒展，一旦舒展开来，浸出速度快，冲泡时间就要缩短。经过头两泡快速出汤之后，可以缓一缓节奏，稍微延长冲泡时间。

松紧度低的茶

比较松散的茶，在润茶时则需要轻柔，正式冲泡时，每一泡都要比前一泡稍微延长一点时间，越往后延长的时间越长，才能让茶的滋味平稳地发挥出来。

嫩度不同的茶怎么泡

生普

较细嫩的生普，冲泡温度要比粗老的生普冲泡温度稍低，避免产生闷熟气。

熟普

较细嫩的熟普，浸出速度快，不耐泡，润茶不可太久，避免茶味过度流失。

较粗老的熟普因滋味浓强度下降，要增加投茶量，延长冲泡时间。可采用高温冲泡，甚至煮饮。

冲泡普洱茶的几个技巧

投茶量的控制

一般而言，生普较熟普少，新茶较老茶少，细嫩者较粗老者少，细碎者比完整者少。但这是个相对的问题，可根据品饮者的饮茶习惯、饮茶人数、茶具大小等而定。

冲泡时间的控制

冲泡紧压茶时，可以先不盖上盖子，观察茶叶的舒展情况、茶色的扩散情况，这样就能找准出汤的时机，对时间有感觉之后，下次盖上盖子也能泡出一杯好茶。

泡茶的最终目的是饮用，所以，适合自己的口味是最重要的。上面介绍的不同普洱茶的泡法，大家可以根据自己的情况反复调整尝试，感受其中微妙的变化。一款茶，想要第一次就泡好是不容易的，但经过数十次的练习，你一定能找到最佳的冲泡方法，泡出自己觉得最好的味道。所以，练习才是把茶泡好的关键。

读完本章有任何疑惑
可随时扫码提问

如何选购茶

扫码查看
本章更多话题

好茶的 5 个通用标准

选择茶时，我们面临的第一个问题可能就是：什么是好茶。这个问题非常大，一款茶的老嫩、产地、香型、苦和甜，都不是“好茶”的绝对决定因素。那么，面对这么多的茶叶种类，我们到底该如何挑选呢？

需要明确的一点是，茶叶种类虽多，但好喝的茶是有通用标准的，即除去它们本身的特色，有一些优点必须有。

首先，茶叶的安全和来源清晰非常重要，食品安全是我们谈茶叶口感、健康、文化等话题的必要前提，合规的品牌、证书、检测报告是安全的保证。

其次是口感好。这一点最为直接，因为味觉和身心的愉悦是茶最大的价值所在。购买之前我们要看它的详细介绍，如果条件允许，还要试喝一下。

下面总结一下好茶的几个特点。

好茶要干净

这一点会贯穿我们入口之前茶叶要经历的所有步骤，比如茶园采取生态种植，无污染、无垃圾带入等。不过我们能喝出来的，很多是加工工艺和存储方面的问题。

一杯好茶要求没有异杂味，即除了茶本身的香和味，不可以有其他混进来的味道。如果在茶香中喝到一些酸腐的味道，令人很不愉悦，就可能是工艺的缺陷，或是在存储过程中受了潮；如果明显闻到有其他食物的味道，就要确认茶叶的包装是否完好，自己存储时有没有把茶和其他食物放在一起。

好茶要甘甜

茶叶的发展史就是人们对美好味道的追求史，人们学会制茶已有几千年，就是在不断地将甘甜味凸显，毕竟甜味可以让人愉悦。

茶的一个特别之处是，苦和甜比例要恰到好处，这样就既能喝到甜感，又有醇厚度，而且在苦味微微刺激下，还有生津回甘的美好感受。

好茶要爽口

爽口是由鲜味带来的，这种味道比较难感知，很多刚开始喝茶的人都不知道怎么理解茶的鲜爽。其实鲜爽、爽口，我们都可以从对其他食物的描述中感知到。比如，鸡汤和排骨汤的味道非常鲜，这和茶的鲜爽味来源一样，都是高含量的氨基酸带来的。像安吉白茶，它的氨基酸含量高出普通茶叶近1倍，鲜味很足，被称为“茶中鸡汤”。

吃瓜果时，吃到又甜又水润的味道，我们就会说真爽脆、爽口。茶的爽口，其实就是口腔水润舒适的感觉。好茶不仅味道好，口腔和喉咙的感觉也非常重要，如果喉咙发紧，再好喝我们也会感觉不适。顺滑、润，喝起来忍不住要啧一下嘴，这就是好茶的爽口。

好茶要香气明显

茶是一种自带天然香气的植物，人们在品茶时，最主要追求的就是香味，香和味是一体的。通常茶还没有入口，香是先被闻到的，香气明显、纯净、持久，这是好茶的基本要求。

茶叶制作工艺的提升，很重要的一点就是要把茶香发挥到极致。茶香一般以花香、果香居多，附带有不同品种的特色香气。如果香气入水，就是和茶汤融为一体，喝下去唇齿留香，那说明茶叶品质很不错。

好茶要耐冲泡

品质出色的茶，其香味通常不会很快就消失，即使用盖碗反复冲泡，都应该至少坚持5泡都有明显的香味。

一直保持一种味道是很难得的，如果持久中富含变化，那就更好了。泡茶的时候，茶的香气和滋味所对应的不同物质的比例是在动态变化的，比如在一些内含物丰富的乌龙茶里，一开始有浓郁的果香，几泡之后果香淡去，似兰花的香气显露，最后以淡淡的甜香结束。这样持久耐泡、口感好、滋味又丰富的茶，可以说是很有特色的好茶了。

以上是好茶的基本要求，如果还带有品种、地域、工艺的特色，那就更加分了，这在一些有名的产区，或是位置偏远的小产区会见到。比如武夷山自然保护区桐木村的正山小种，有一种新鲜木材的木质香；云南普洱茶中，易武产区的蜜香和甜感；台湾金萱乌龙茶，因茶树品种特性而带有的奶香，等等。

一杯好茶，离不开自然生态的茶树生长环境、出色规范的加工工艺、后期适宜的存储环境，以及清晰正规的食品安全保障。知道了这几点，我们就不会片面地看待好茶的问题，比如核心产区的茶就一定是好茶吗？不一定，如果其工艺有缺陷，一样是不好的茶。比如全芽头的茶就是好茶吗？不一定，如果其生长环境差、工艺不到位，也只是有个好看的外形而已。

综合考虑以上几点，同时合你的口味，这就是属于你的好茶了。

不同季节的茶有什么区别

茶树在生长过程中会受到气温、雨量、日照等气候因素影响，茶树自身营养条件的差异，使得各季节采制加工出来的茶叶品质会发生相应的变化，外形和内质也会有明显的差异。

春季

春季气候由寒冷逐渐转暖，茶芽也在此季节逐渐萌发，生长速度缓慢，积累了整个冬天的养分开始转化。这使得春茶的叶片比较细嫩厚实，香气饱满且持久，滋味浓郁而苦涩度较低，因此是大部分茶叶全年品质最高的时候。此外，因初春的气温还不高，茶树的病虫害也很少，天然降低了环境对品质的不利影响。

夏季

夏季气温高、光照强、雨水多，茶叶的生长速度较快，养分消耗也大，因此做出的茶叶相对粗大松散，梗比较长，鲜甜物质含量比较低，香气也远不如春茶饱满。有苦涩味的物质、体现茶汤浓厚度的茶多酚等含量上升，都会让滋味浓郁且苦涩，不够爽口，所以夏季通常是茶叶全年品质最低的时候。不过也有例外，比如红茶的制作就要求茶多酚高，才能发酵出红汤红叶的品质，很多产区在初夏制作红茶，甜香和浓厚度都很好。还有台湾的东方美人茶，属于乌龙茶，它要求茶叶被一种叫小绿叶蝉的昆虫咬食到一定程度，才有特殊的蜜香。而这种昆虫在炎热的夏季才较多，所以对于东方美人茶，反倒是夏季才出好茶。

秋季

秋季气候转凉，茶的苦涩味逐渐回落，香气转好。但经过了春夏两个季节的采摘，茶树的代谢和营养积累能力也有所下降，叶片也会瘦小一些。茶汤浓度一般，滋味相对平和，没有春茶那么甜，也没有夏茶那么浓的涩感。有一个词叫作“春水秋香”，意思就是，春茶喝的是它丰富的滋味，秋茶虽然滋味淡，但贵在香气优雅。

冬季

冬季气温寒冷，茶树已经基本进入休眠状态。在福建、广东等南方地区的乌龙茶产区有的会在立冬前后采一些，叫“雪片”或“冬片”。这时的茶滋味就更加清淡了，但香气是最大的优势，较低的温度让茶叶有比较浓郁而且柔顺的香。滋味上，苦涩度低而反衬出淡淡的甜味。不过大部分产区不采冬茶，让茶树好好休养一个冬天，有利于来年春茶的品质。

总体来说，春茶是全年品质最好的，秋冬茶以香气见长，各有特点，夏茶则很难出众。大家在选择茶叶时，可以多问一句，这款茶的制作时间是什么时候？结合口感的特点，就可以给自己做参考了。

明前茶、雨前茶到底差别在哪里

选择茶的时候，我们常常会听到“明前”和“雨前”这两个词，而且多是在绿茶上。这其实是从 24 节气的角度，以清明、谷雨这两个节气为界，对茶叶产出时间所做的描述。

| 极为细嫩的明前茶 |

明前茶以稀为贵，雨前茶更亲民

每年的清明，在 3 月底到 4 月初，正值初春，气温不高但已渐渐回暖，万物复苏，茶叶也开始萌发了。在清明节前采摘制作的茶，就叫明前茶，通常是全年的第一次采摘。茶树经过一个冬天的休眠，已积累了很多养分，清明前展开的第一片芽叶，是极为细嫩的，一般香气很浓郁，滋味比较清淡，苦涩度较低，甘甜度高。很多茶友追求春茶，为的就是这第一缕鲜甜，这种干干净净、清爽馥郁的香味。

当然，此时茶叶的生长速度还比较慢，茶芽细小，产量就非常低。这样一来，售价也就高了，令不少普通茶友望而却步，更加亲民的却是雨前茶。

清明和谷雨两个节气之间差了15天，这段时间的气候变化是非常明显的，气温在20℃以上的时间越来越长了。加上春雨渐多，植物也都开始了蓬勃生长。茶树也一样，就像青春期的少年，一天一个样。这样一来，茶叶的产量提高了，芽叶相比明前也明显大了一些，内含物质也更丰富。

反映在品质上，我们会发现雨前茶在香气上少了些清香，多了些成熟的花香，口感上苦涩度稍微明显了些，但茶汤的浓厚度增加了，回甘更明显。这也是老茶友更喜欢雨前茶的原因，他们要的“茶味”更足了。

所以，总的来看，明前茶更适合尝鲜，产量低而价格高，风格干净清爽，就像初春，微风徐徐，水波不兴；雨前茶更适合日常饮用，产量稍高而价格亲民，风格浓郁回甘足，就像盛春，生机勃勃有劲道。抛开物以稀为贵的规律来说这两种茶的好坏，真的无法评判，只能说看个人的口感喜好和接受度了。

还得看产地和品种

当然这明前和雨前的规律，一般适合绿茶，而且对产地也有要求，在南方靠中部的丘陵地带比较适用，不可强行套用。比如在很多海拔超过1000米的高山地区，气温上升慢，可能山下开始采茶了，山上的茶还没有发芽，这就需要耐心等待了。此外，不同的品种发芽时间也不同，比如龙井茶一般有乌牛早、龙井43号、群体种这几个类型，乌牛早听名字就能感觉到发芽很早，一般会最早上市；龙井43号比较正常，符合接近清明节采摘的规律；而群体种是杭州当地的老品种，发芽迟，有时过了清明还得等等。熟悉的茶友就会根据这些因素来判断和选择。

所以再次说明，茶叶的知识是一个体系，不可以一概全，考虑周到才能降低选择错误的概率，喝到正宗的好茶。

| 清明前后的龙井茶园 |

茶上的毫毛是什么

我们平时喝茶时只要留心一点，就经常可以看见一些茶叶上会附着毛茸茸的毫毛，泡茶时茶汤里也会漂浮着白毛。其实出现这些毫毛并不是什么怪现象，而是茶叶天然带有的。

茶叶还长在茶树上的时候，芽头和叶片背面都会有细细的毫毛，而且越嫩的叶子毫毛越多。所以我们看到一些细嫩的春季绿茶，或者只采芽头的很嫩的茶，都会有很多毫毛，但在采摘叶片比较成熟的大红袍、黑茶时，就很难看到。

| 金芽滇红上密布黄色茶毫 |

茶毫和品种有关

茶毫和品种有关，就像人一样，有些人种就是具有体毛多的特征。有些茶树品种天生毫毛就比较多，比如福鼎白茶的制作品种，有两种叫“福鼎大白茶”和“福鼎大毫茶”，听这名字就能想象得到。当我们看白茶中银针和白牡丹的外貌时，也会发现其芽头上密布着白色的茶毫。

茶毫有几种颜色

茶毫的颜色，根据茶叶工艺的不同，有白色、银灰色、黄色、金色等。不发酵的绿茶，如黄山毛峰、洞庭碧螺春等，为白毫显露；轻度发酵的白茶，如白毫银针、白牡丹等，为银毫显露；需要闷黄，发酵度更深的黄茶，如君山银针、蒙顶黄芽等，为黄毫显露；全发酵的红茶，如金骏眉、滇红等，为金毫显露。

茶毫和品质有关

其实，很多名茶都有一个品质要求，叫作“显毫”，意思是茶毫比较明显。因为它是茶叶嫩度以及品质的重要标志。

当然，如果纯是外观上的差别，可能意义不大，更重要的是对于口感的影响。茶毫多是氨基酸含量高的体现。我们知道氨基酸是茶叶鲜甜味的重要来源，这也是茶叶越嫩，苦涩度越低、鲜甜度越高的原因。

茶毫主要长在茶芽上，以及幼嫩叶片的背面，含有丰富的化学成分。茸毛基部有分泌芳香物质的腺细胞，能分泌芳香物质。加上烘干时，茶毫会释放一些香味，因此幼嫩芽叶茸毛多，制作出来的茶叶具有一种独特的毫香。

茶毫无害健康，也非好茶必备

茶毫的多少并不是判定茶叶质地好坏的唯一标准。比如碧螺春要求多毫，有专门的提毫工艺，让茶毫更明显；而龙井要求外形扁平光滑，需要进行脱毫，制作时会通过炒制的手法将茶毫搓掉。

茶毫可以帮助我们判断茶叶的嫩度、等级，是鲜甜度、毫香的象征。但茶叶的品质是诸多因素综合作用的结果，嫩的、茶毫多的茶并不一定是最好的。有时茶毫过多，还会让汤色浑浊，令口腔和咽部感觉不适。

对于这一根根细小的茶毫，我们可以放心去欣赏它，它无害健康，但也无需过度追求。

想收藏茶叶，一定要知道这些常识

有些茶叶适合收藏，比如普洱茶有“越陈越香”“陈化生香”的说法，白茶有“一年茶，三年药，七年宝”的说法。到底为什么要收藏茶、哪些茶适合收藏、在家里存放茶有什么讲究、收藏之后茶叶会不会变得更好喝、收藏的茶会不会升值，等等，这些都值得我们深入探究。

茶叶收藏的原理

有一些茶叶在存放过程中，内含的营养物质与空气中的氧气、水分发生非常微弱的反应，需要以年为单位，才能感知到风味的变化。而且这种变化是正向的，可以让茶变得更好喝，口感拥有当年新茶没有的特色，这就是茶叶收藏的初衷。

在专业领域，有一些词语用来形容这种变化，比如陈化、后发酵等。我们可以想象一下，切开的水果与空气接触后很快改变了颜色，口感和香味也有点“熟化”了。茶叶的收藏也是这个道理，不过茶叶是干燥的，而且有些被压制成饼，与空气接触后反应很慢。有些是茶行业流通时偶然发现的，有些是在产区，人们就有存茶叶的习惯，生病时拿出来煮一煮，就像一些地区家里收藏艾草一样。人们发现了茶的这个特性后，着迷于每一年茶叶品质的积极改变，越来越多的人开始收藏起茶叶来了。

适当存放的茶叶，在以下几个方面的变化我们能明显感受到。

汤色

颜色往更深的方向上转化，发酵度明显增加。

香气

香气虽然随着时间变长有所挥发，但香气的丰富度大有提升，原本的花香转变成了果香、蜜香、枣香等更成熟和复杂的香味。

滋味

苦涩感减弱，口感越来越温和饱满。

哪些茶可以收藏

目前来说，普洱茶、白茶、黑茶这几类在茶叶存放方面是被讨论比较多的，也是研究比较充分的，是被认为可以长期存放的茶。绿茶、红茶、乌龙茶等，都是建议喝新茶。当然即使是适合收藏的几类茶，也不是随便选择就可以存放。

近些年也陆续有一些别的茶类被提出有存放的价值，比如陈香型铁观音，俗称“老铁”，要求经过烘焙，且陈化至少 5 年，目前已经写进茶叶标准。其具体的口感如何，大家有机会遇到了可以感受一下是否适合自己。

需要明确的一点是，收藏是为了让品质有提升，越来越好喝。茶终究是要入口的饮品，如果越放越难喝，那就违背了初衷，也失去了价值。

这就要求，首先茶的原料要好，内含物质要丰富且协调。只有本身各物质含量高，其品质才有进一步转化的可能。不然即使放 10 年，可能品质不但没有变好，反而在收藏过程中发生不好的变化，导致滋味淡薄。

其次是工艺。这就考验制茶师傅、厂家制作这款茶时的功力了。不但要制作完成后当年就有特点，还要没有明显的品质缺陷，这样才能在未来收藏时以年为单位计算的时间里，可以有很好的转化。

存放环境的要求

从某种程度上来说，我们可以将茶叶品质的转化理解为茶是在“呼吸”式成长。在适宜的环境下，茶才会有比较好的存放效果。

温度、湿度

在适宜的温湿度下，茶叶才会进行正常的品质转化。条件较好的茶企业，一般会有专业的存放仓库，可以控制好这些参数。如果是在家存茶，一般把茶叶放在一个专门的房间里，准备一个温湿度计即可，同时借助空调、通风等方法，避免茶叶受潮。在回南天、梅雨季节等尤其需要注意。

避光、通风

茶的转化过程，需要氧气、水分等的参与，所以密封了可不行，要让茶叶适度接触新鲜空气。避光能使得茶叶里的活性物质不被紫外线等破坏，长时间受到阳光照射的茶，其颜色会发生变化，口感会变差。市面上有一些专门存茶的茶叶罐，透气的同时可以隔绝光线和灰尘，比较适合存茶。也有一些适合装茶饼的封口袋，可以临时少量存茶。

隔离异味

茶叶都具有强吸附能力，很容易吸水

收藏存储得当的茶，品质会有明显提升

吸味。如果存放时不能完全密封，更要注意避开除茶叶外的其他味道，以免茶叶串味，品质受损。

当然，茶的存储和存放地域也有关，比如广州、福州、昆明、北京，在这几个地方存同一款茶，转化方向一定是不同的，这也是茶叶收藏的魅力。一款茶制作出来，由于每个影响因子不同，会有无数种可能的味道出现。这也是厂家或制茶的师傅不会去简单鉴定自己多年前生产的茶的原因。

关于升值，投资需谨慎

市面上确实有将茶叶作为金融产品来买卖的现象，如果是上升到投资的层面，和所有理财产品一样，都需要专业与谨慎。对此，曾有个简单却很直接的“三字经”可供大家参考：喝得到、看得懂；会品茶，买得对；藏得住，卖得掉。这 18 个字用来回答升值的问题非常恰当。

以上说到的茶叶存放知识，是以提升茶叶品质为出发点，如果是投资，更需要关注厂家、原料来源、产品风向等，需要对相关信息非常了解，并且有可靠的渠道。对于普通人来说，我们不提倡盲目地投资性藏茶，好好喝茶，体会一杯茶好喝的味道才符合茶的本质。

如果想要体会茶叶收藏过程的美妙，建议边喝边存，找到一款好茶之后，就喝一部分，存一部分。按照合适的方法存放，1 年、2 年……逐年喝它的口感变化，相信一定会有很奇特的感觉。

拼配茶和纯料茶，到底哪种好

拼配和纯料，这个概念在普洱茶中比较多见，但实际上几乎所有的茶在生产时都会涉及。从字面上感受，很多茶友一看就觉得拼配茶一定比不上纯料茶，后者给人一种纯种、纯净的感觉。如果把几款茶拼在一起，似乎是茶叶本身有什么缺陷。实际上，这两种处理茶的方式各有各的好。

“纯料茶”纯在哪里

所谓“纯料茶”，一般指的是同一年份、同一产区、同一茶树品种制作而成的茶，它能集中地体现该时该地该品种的茶叶特性。

但对于一些大产区来说，这些“同一”的特性是可以再往下细分的。比如普洱茶产区，可以再细分为同一村落、同一山头、甚至同一棵茶树等；年份可以再细分为同季、同月、同一天等。所以说“纯料”其实是一个相对的概念。

比较常见的做法是，同一片茶园的同一茶树品种单独采摘制作，然后将近几天或这一季的茶拼在一起，这样就能做到品种、产地一致。采摘时间可相对宽泛一点，让滋味有一定的调和，避免一款茶叶因为采摘时间不同而出现好几种味道。

对于茶叶发烧友来说，纯料茶能集中体现某一产区、时段、品种的茶叶特点，具有独特性，风格突出。而且一些非常细分的纯料茶数量有限，每年每季各产区茶叶的品质都会有所不同，多年后想回购到一模一样滋味的纯料茶是比较难的。这种对风味的追寻也就成了一种把玩茶叶的乐趣。

“拼配茶”怎么拼

茶的拼配，就是将不同产区、年份、品种的茶，在初步制作完成后，按照一定比例进行混合，之后再集中烘焙、精选等，调和口感。

非常精品的纯料茶，只能满足一小部分人，而大众更需要的是日常能够饮用的品质稳定、好喝的茶。在茶叶生产时，有的品种优势是香气，有的是回甘，有的是浓郁度，因此以一个配比进行混合之后，就可以起到取长补短的作用，使茶叶的品质优势最大化。当然在拼配时，通常都是同一种茶，比如都是绿茶或红茶，除

商品大红袍多是用几个品种拼配而成

了调味茶，一般不会将各种不同类别的茶混合。

拼配最典型的例子，一个是普洱茶，一个是武夷岩茶。

云南的茶产区大，山头很多，每个山头的土壤、气候、品种在漫长的地形变化和物种繁衍过程中，产生了多样的特性。很多厂家会在各个山头建立初制工厂，除了推出纯料的、代表这个产区风格的茶，还会让专门的拼配师对各个山头的茶进行品饮，并且做出拼配方案，制作出品质突出、没有短板的茶。

而在武夷山，我们喝到的商品大红袍基本都是拼配的。大红袍这个词有两种含义，一种是纯种的大红袍品种：在景区里一个叫九龙窠的地方，岩壁上仅有6株母树，现在已经被国家保护，不可采摘，由它繁殖的二代大红袍品种，在景区里也少之又少。第二种含义是商品名称，由于大红袍的典故太出名，因此它已经成为武夷岩茶的“首席”代表，企业可以根据自己的配方，使用当地品种进行拼配，制作出有武夷岩茶特点的茶，都可以叫大红袍。可以说市场上绝大多数都是第二种，这并非不好，相反，它能够让我们看到茶叶多变的一面，也便于大家选择工艺成熟、品质稳定的品牌。

纯料茶和拼配茶各有自己的侧重点：一种精于突出独特的风格，做到特点鲜明有辨识度；一种精于呈现稳定的品质，做到长期满足人们的需求。

拼配茶、纯料茶之间并没有高下之分，因为“拼配”和“纯料”本身不是好茶的评判标准。日常饮用时不用太考虑这一点，一款茶究竟好不好，还是喝了之后才能知道。如果想对地域风格深入钻研，或者追求更细致的茶叶风味，就需要在纯料方面花点心思去找一找了。

高山茶与平地茶该怎么辨别

很多茶在宣传时会说是高山茶，目前对高山的具体海拔数字标准尚没有定论。一般认为，海拔 800 米及以上茶园所产的茶可称为高山茶，海拔低于 200 米的茶园所产的茶即为平地茶。在价格上，高山茶和平地茶也会相差很大，拿凤凰单丛茶来说，山脚下种的平地茶与乌岽村一带所产的高山茶，价格差异可以达到 10 倍以上。

高山茶好在哪里

有一句精练总结的话，叫做：高山云雾出好茶。高山产好茶主要的原因就在以下几个方面：

云雾多，光线柔

茶树生长在高山多雾的环境中，在雾气的阻挡下，强烈的直射光变为柔和的漫射光，对于茶树这种喜阴的植物来说是非常好的。能促使茶树偏向于合成含氮化合物（氨基酸、咖啡碱、叶绿素），制成的茶叶翠绿、滋味鲜爽。

气温低，温差大

高山日夜温差大，许多有效物质在白天通过光合作用充分合成，在低温的夜晚，高山茶呼吸消耗的速度又会减慢，因此能够比低山茶积累更多的养分，如氨基酸、茶多糖、芳香物质等，耐泡度高。就像新疆的水果更甜一样，原理是相似的。

病虫害少

由于高山温差较大，而且冬季有霜冻，不利于病、虫的繁殖和生长，天然免去了过多的人工干预。而低山气温较高，病虫害会稍多。

生态好，湿度高

高山往往伴随着茂盛的植被，土壤的保水能力更好，加上空气和土壤的湿度比平地更大，茶树新梢可在较长时期内保持鲜嫩而不易长得粗老。

土质好，营养多

高山土壤风化比较完全，石砾较多，土壤通透性好，而且有机质和各种矿物质元素丰富；而平地茶园多属黄红壤黏土，土壤结构不及高山，而且有机质和土壤生物相对较少。因此，平地茶的香气和滋味不及高山茶。

怎么区分高山茶和平地茶

高山茶与平地茶相比，由于生态环境有别，不仅茶叶形态不一，茶叶内质也不相同。相比而言，两者的品质特征有如下区别：

高山茶茸毛多，嫩度好。由此加工而成的茶叶，往往具有丰富的香气，而且香气高、滋味浓、耐冲泡、回味悠长，冲泡过后叶片质厚而软、韧度好。

平地茶在这些方面表现则不如高山茶。

海拔越高，茶越好吗

仔细探究就会发现，中国名茶产区虽然几乎都位于山地环境，但却集中在一定的范围内。一般地处北纬 30 度左右，海拔在 800~1800 米，周围的植被丰富，多处于山的背阴面。

海拔和茶叶品质关系是很密切，但海拔太高的茶园，很容易受到恶劣天气的影响。冬天低温易受冻害，夏天高温易受旱害，这在很大程度上会影响茶叶内含物质成分的合成，造成茶汤口感不佳。所以，高山出好茶是与平地茶园相比较而言的，并不能绝对地说山越高、茶越好。

小知识 

中国海拔最高的几座茶山，有贵州威宁的香炉山（海拔 2277 米），西藏唯一的产茶地——林芝易贡茶场（海拔 2240 米），台湾中部山脉最高的茶山大禹岭（海拔 2600 米左右），再高就不适合茶树生长了。

生态环境良好的高山茶，具有普通平地茶所没有的鲜爽和清甜口感，内含物丰富，也是人们所说的“高山韵味”的主要来源。如果遇到的话，可要仔细品味。

当然也有例外，比如云南大部分茶区，地处云贵高原，海拔超过千米是非常普遍的，这时就要考虑具体的气候特征及树龄情况。武夷山景区内，被称为正岩，也是最高品质的武夷岩茶的产地，可茶园海拔大多是 200~300 米。原因在于岩茶并不依靠海拔，而是当地特殊的丹霞地貌让山谷山涧中形成了各种适合茶树生长的小气候，最终形成了岩岩有茶的特点。

云雾缭绕下的高海拔茶园

茶叶老、有茶梗，是品质不好吗

买绿茶要越嫩的越好，但是乌龙茶、黑茶好像有很多老叶子和茶梗，很多人会有疑问，是品质不好吗？其实，每种茶都有适合的嫩度，并非所有的茶都是单芽最好。

首先，茶叶的嫩度会根据采摘叶片的多少来确定，比如单芽、一芽一叶、一芽二叶、一芽三叶……嫩度依次降低，而且茶梗也会越来越粗硬，一般茶叶的等级会直接以这种标准来确定。其次，具体情况具体对待。在所有茶类中，除了乌龙茶要求不采嫩芽，而用比较成熟的原料制作，其他的绿茶、红茶、白茶、黑茶、黄茶、普洱茶，都有不同嫩度的花色品种。

绿茶

绿茶的关键品质特点是“清汤绿叶”，口感追求鲜爽甘甜，通常采用比较嫩的原料，而且采摘时间越早，茶叶越嫩。谷雨节气之后，到夏季采摘制作的绿茶，就比较老了，等级较低。所以，绿茶通常不能有粗老的茶梗，否则既影响美观，对口感也有影响。

不过有两种绿茶比较特殊，一种是六安瓜片，专门要求采摘展开的叶片，而不要茶芽和第一片过嫩的叶子，这样才能获得形似瓜子片、口感浓厚的品质。另一种是太平猴魁，因为要制成独特的修长外形，所以一般等清明后茶叶长到一定长度才开始采，太细嫩的反而达不到要求。

红茶

红茶也需要讲究嫩度，不过不像绿茶那么严格。通常一芽一叶、一芽二叶都可以，而且叶片中更加丰富的内含物可以让发酵有物质基础，形成红茶“红汤红叶”的品质特点。但也不可过于粗老，否则鲜爽度会较差。

金骏眉是红茶中最讲究嫩度的品种，也带动了单芽采摘、制作高等级红茶的风气。单芽的红茶原料娇嫩，一般发酵会轻一些，滋味偏弱，但毫香和花香更突出。

| 六安瓜片 |

| 祁门红茶 |

乌龙茶

乌龙茶对原料中多酚类和芳香物质的含量要求非常高，不仅要求叶片足够成熟，而且只有特定的树种才可以制成乌龙茶。一般采摘一芽三叶、一芽四叶，这样的原料才能做出符合乌龙茶的香、味以及“绿叶红镶边”特征的茶。乌龙茶中的武夷岩茶、铁观音、单丛茶，一般在制作后期会将茶梗去掉，如果我们在喝的时候偶尔看到一两根，也不用惊讶。

台湾的高山乌龙茶一般不去梗，在冲泡时会看到非常明显的茶梗。这是因为台湾高山乌龙茶的外形比较紧致，茶梗被包裹在里面，去梗难度大而且成本高，通常在比赛茶里才会去梗。这些梗对品质的影响不是很大。

| 台湾高山乌龙 |

白茶

白茶的工艺简单，因此原料的嫩度差异对白茶风味的影响非常明显。单芽的白毫银针茶，满满的白毫带有独特的毫香，滋味清纯甜爽。一芽一叶、一芽二叶的白牡丹茶少了些毫香，多了些花香，滋味上也更浓郁，喝惯了白牡丹茶的人一般都会嫌银针茶太清淡。这两种白茶嫩度较高，一般不会有茶梗。

一芽四叶、一芽五叶的贡眉、寿眉，属于比较粗老的茶了，但这是它们的特点。白茶不炒不揉，太阳晒一晒再干燥即可，可以说是由一种非常原始的制茶方式演变而来。因此，贡眉和寿眉看上去有一种粗放的野性。老叶子和茶梗含有的多糖类经过水解，让贡眉和寿眉产生醇和的甜感，经久存放，风味还会更好。

| 贡眉 |

黄茶

黄茶通常不会用非常粗老的原料制作。按嫩度来分，黄茶被分为黄芽茶、黄小茶、黄大茶。

单芽的黄芽茶嫩香持久，滋味可口，如四川的蒙顶黄芽、安徽的霍山黄芽、湖南的君山银针等。一芽一叶的黄小茶带有熟栗子香，滋味鲜醇有回甘，如湖南的沩山毛尖、湖北的远安鹿苑茶、浙江的平阳黄汤等。一芽二叶的黄大茶有锅巴香，滋味浓厚耐冲泡，如安徽的霍山黄大茶、广东的大叶青等。

| 君山银针 |

黑茶

黑茶一般有一芽六叶，甚至一芽七叶，非常粗老，这样的原料中茶多酚含量较低，多糖类含量相对高，经过后发酵代谢，形成了黑茶醇香和浓醇不涩的特征。在历史上，黑茶一直是供给边疆少数民族的茶。老叶中的纤维素对长期食用肉类的少数民族的消化和补充营养很有帮助。因此，在黑茶中看到粗老的叶片和茶梗，是非常正常的。

即使是最高等级的黑茶，也会有一芽二叶、一芽三叶，制作成一种叫天尖的茶，并用竹篓散装，这已经是黑茶中最嫩的了。

| 安化黑茶 |

普洱茶

普洱茶无论生茶还是熟茶，都会看重采摘的嫩度，即使是压成饼之后，也可以从茶芽的明显程度判断，要求粗老叶片和茶梗越少、茶芽越明显越好。

一般采摘时，特别粗老的叶片叫作“黄片”，在其他茶类里也这么称呼，通常在制作时会剔除掉。不过普洱生茶的黄片因为甜度好，有些茶友专门找这样的茶来喝，也成了一种风气。

| 熟普 |

总的来说，老叶子的成熟度高，纤维多，叶质较硬，茶梗中的糖类和氨基酸类物质都显著高于其他芽叶。糖类物质能够增加茶汤甜醇的滋味和稠厚的口感，且茶多糖对人体很有益处；氨基酸类物质不仅形成了茶汤滋味的鲜爽口感，在加工的过程中，氨基酸的降解还能产生许多香气物质。所以，适当保留一些茶梗有利于茶汤形成丰富的滋味和香气。但老叶和茶梗也不是越多越好，保留太多，可能会造成茶汤口感单薄，还会影响外形美观度。

带有老叶和茶梗并不都是劣质茶的表现，不必对它们“梗梗于怀”，对应不同茶类的要求，正确地看待就好了。

避免买到陈茶的几个窍门

每年都有茶叶陆续上市，大家最担心的一个问题恐怕就是会不会买到陈茶。除了普洱、白茶、黑茶等可以长期存放的茶，新茶好就好在鲜爽甘醇，尤其是绿茶、清香型乌龙茶等发酵较轻的茶。其他有烘焙或者发酵的红茶、乌龙茶、黄茶，它们的成品茶最多也只能保质 2 年。

陈茶比新茶差在哪里

宋代唐庚的《斗茶记》中曾提道:“吾闻茶不问团銙，要之贵新；水不问江井，要之贵活。”换成现代话就是，我不管茶叶的外形如何，要它是当年的新茶；我不管水是哪里的，要它是流动的活水。

新茶的色香味形都给人以新鲜有活力的感觉，香气明显纯净，色泽正常。隔年茶存放过程中，在光、热、水、气的作用下，其中一些有效物质会缓慢氧化或缩合，使得茶叶品质下降，茶叶变色，滋味变杂。香气也会在储存过程中缓慢散发掉，造成茶叶不香，甚至形成异味。

新茶与陈茶的具体区别

外形上，新茶无论什么颜色，都不会暗沉，比如黄山毛峰翠绿带黄，滇红乌润显毫。而陈茶颜色暗淡，看起来没有生机，茶毫也稀疏。即使是保鲜储存的茶，茶色还是会明显发灰，没有光泽。

香气上，新茶用热水一冲便会有一缕清香扑鼻而来，不管是花香、果香，香里都透着一种新鲜和甜感。陈茶冲泡过后，香味低沉，不够浓郁，往往也缺少鲜香。

滋味方面就更明显了，新茶醇爽甘甜，陈茶味平淡。甜味和回甘方面，陈茶相差更远，而且喝起来没有爽口的感觉。

小知识

太早的绿茶要警惕

大家都担心买到陈茶，其实不要太着急。通常，3月初大部分的茶还没上市，这时市面上的太平猴魁一定是往年的陈茶无疑。因为太平猴魁属于较晚采制的绿茶，一般要到 4 月中旬才上市。除非是一些特别说明的早发芽品种，比如四川的宜宾早茶、浙江的乌牛早龙井等。

不同茶类因品种、地域、气候而发芽有早有晚，具体可参照第六章相关介绍。

读完本章有任何疑惑
可随时扫码提问

中国人的茶生活

扫码查看
本章更多话题

这样搭配，让你的茶桌更好看

爱喝茶的人，总会在家里备一张茶桌，放上茶盘、盖碗、茶壶、茶杯等。有的茶桌在客厅的茶几上，有的放在书房。不论位置在哪，这块方寸之地都是一个安心泡茶、喝茶的地方，器具的选择也会透露出主人的审美品位和生活方式。

如果去茶空间喝茶，装修、灯光、器具等都是精心挑选过的，让人忍不住想要拍下来。在专业领域，茶桌上的布置叫作“茶席”，茶席上的每一样物品都是有视觉力量的，在一定的组合之下，就会呈现出主题性的美感。其实日常在家里，也可以拥有一张好看的茶桌，比如按四季的特点，可以有专属的搭配，让你的茶桌更加赏心悦目。

茶桌上除了放置必需的茶具，要避免放置其他杂物，如果疏于清理，每次坐下时，面前都会是一副乱糟糟的样子。可以在桌下或桌旁收纳这些杂物。

春季

关键词：萌发、苏醒

席布：棕色麻布，青绿色桌旗

茶器：木质壶承，黑泥侧把壶，复古窑变茶杯，铜制茶荷

装饰：盖置、茶拨

夏季

关键词： 清凉、生长

席布： 深绿底色织布，素色竹帘

茶器： 青瓷盖碗、公道壶，灰釉品茗杯，粗陶茶荷

装饰： 铜制仿古香炉，青瓷花器

秋季

关键词： 寂静、安宁

席布： 麻布，浅棕色桌旗

茶器： 朱泥紫砂壶，玻璃公道杯，白瓷品茗杯，铜制壶垫、杯垫，木纹茶荷

装饰： 石质花器、盖置、茶拨

冬季

关键词： 温润、团聚

席布： 深蓝色桌布

茶器： 电陶炉，玻璃煮茶壶，竹制杯托，印花白瓷品茗杯

装饰： 铜制茶点盘、茶荷

细节处读懂中国茶礼仪

喝茶，是一种融入中国人骨子里的生活方式。家里来了客人，即使是最熟悉的亲戚邻居，我们都会泡上一杯茶，作为温和又亲近的社交礼。几分钟的时间，茶泡开了，人与人的距离也拉近了。

待客茶道中蕴含着许多文化。去茶馆喝茶时，我们会感觉到茶艺师有种独特的气质，举手投足之间营造了祥和的品饮氛围，其实这就是长期礼仪训练的结果。日常饮茶时，我们可能不需要太束缚，但很多细节其实很容易做到，并且可以传递出礼貌和关心的信息，主人的品德也就蕴含其中了。

喝茶能够反映人对生活的态度。得体的茶礼仪，能够让我们发现生活中那些平时不曾留意的部分，生活会因此变得更加精致和与众不同。

1. 茶席布置

茶桌摆放日常使用的茶具，泡茶的时候都在其上操作。它可大可小，可简单也可奢华，最重要的一点就是洁净。不使用的器具尽量放在桌面以外。如果有花器等装饰品，其颜色、材质应精心选择，尽量与主要茶具、茶席融为一体，避免喧宾夺主。

| 茶具、茶席应融为一体 |

2. 茶具清洁

所有茶具从外观上看必须是干净的，杯子里没有茶垢、杂质、指纹等之类的异物附着。许多人喜欢使用老物品，因为上面残留着岁月的痕迹，这当然是可以的。但不可残留令人不悦的水渍或茶渣，否则容易滋生细菌，对健康不利。

3. 避免接触

拿别人的杯子时，手指切莫触及杯口，以免让对方感觉不适。如果有条件，尽量准备一个杯垫，茶杯放在杯垫上，既可以更稳，也定了位置，可以减少不注意而碰倒的机率。

| 取茶应用茶荷和茶匙 |

4. 赏茶

主人在泡茶前，应让客人有机会欣赏茶的外形、色泽和干香。从多个角度认识这款茶，可以体现你对他的重视，并非随意准备。

5. 取茶

将茶筒中的茶叶放入壶或杯中，应使用竹或木制的茶匙取茶，不要用手抓。若没有茶匙，可将茶筒倾斜对准壶或杯轻轻抖动，使适量的茶叶落入壶或杯中。

6. 分茶

分茶时，要特别注意不得溅出茶水，做到每位客人茶水量一致，以示茶道公正平等，无厚此薄彼之意。分茶时，茶杯多放于客人右手的前方，方便拿取。斟茶时只斟七分满即可，暗寓“七分茶三分情”之意。俗话说“茶满欺客”，另外，茶满也不便于拿杯品饮。

7. 最后为自己添茶

习惯上，最后一杯茶给自己。而且泡茶的人应随时关注每一道茶汤的变化，以便及时调整泡茶要素，更好地呈现茶汤的品质。如果茶汤已现水味，应及时换茶。

8. 品茶

如果发现客人的杯子里有茶渣，应该替客人重新洗杯或换杯。客人的茶喝完后，主人应尽快为其续杯。客人如果暂时不需要，可以在杯中留半杯茶，或者直接示意不需要添茶。喝茶时可让口腔和舌

| 最后为自己添茶 |

品茶时可让茶汤充满口腔和舌面

面充分感受茶的味道，但尽量不要吸吮茶汤而发出声音。

10. 擦拭茶具

品茶的时候，不需要时刻整理茶台、擦拭茶具，自由舒服就好，不然会让人以为主人要送客了。

其中一些泡茶、分茶的讲究，更多适用于工夫茶的泡法，如果是大杯泡，则简单得多，但同样要做到干净整洁、方便取用、以礼相待。每一个喝茶过程的小细节，其实都是为了让对方更舒服，让喝茶成为彼此关照的过程。

东方的文化似乎都有些含蓄和内敛，喝茶也一样。用动作来代替语言，既把礼节传达到位了，也不破坏茶席安静的氛围。这一来一去的动作，正体现了主客之间的心照不宣吧。

小知识

在茶桌上，常见叩指礼就像暗号一样，可以表达尊重，主要有三种手势：

（1）平辈给平辈倒茶：客人只需要食指和中指并拢，轻敲桌面三下即可，表示给予对方应有的尊重。

（2）长辈给晚辈倒茶：晚辈应将右手握拳，拳背朝上，用五指轻敲桌面，敲三下即可，有五体投地之意，表达尊敬。

（3）晚辈给长辈倒茶：长辈可以用一只手指在茶杯边缘轻点一下，表示“知道了”。

向往的生活，把茶日子过成了诗

常常羡慕那些把日子过成诗的人，诗中有对美好生活的向往，有现实中无处安放的梦想。唐代中期之后，饮茶之风盛行，茶逐渐出现在各类文化作品中。古诗词中，也常见和茶相关的题材，它承载着文人对雅致生活的爱好，以及各种情感的寄托。

走笔谢孟谏议寄新茶之七碗茶歌

［唐］卢仝

一碗喉吻润，两碗破孤闷。
三碗搜枯肠，唯有文字五千卷。
四碗发轻汗，平生不平事，尽向毛孔散。
五碗肌骨清，六碗通仙灵。
七碗吃不得也，唯觉两腋习习清风生。

上面这段七碗茶诗，如今甚至已成为茶学院校的考试题目。作者用七碗茶的时间，写出了飘飘欲仙的浪漫。这一段其实是整首诗的第二部分，如果上下文结合，会发现茶给卢仝带来的冲击不止是感官上的，还有对茶农生活的同情，希望苦日子可以有尽头。作品中有这样的思考，而且情感倾泻而下如洪水奔涌，洒脱自如，难怪会被奉为茶诗中的经典了。

一字至七言诗——茶

[唐]元稹

茶。
香叶，嫩芽。
慕诗客，爱僧家。
碾雕白玉，罗织红纱。
铫煎黄蕊色，碗转曲尘花。
夜后邀陪明月，晨前独对朝霞。
洗尽古今人不倦，将知醉后岂堪夸。

唐宋时期茶诗颇多，这首最为有趣。这是作者欢送白居易作为太子宾客去洛阳而作的一首诗。可以看出诗人心情是比较欢快的。他用一至七个字，逐句作诗，显示出出色的文采，后人称之为“宝塔诗”。

次韵曹辅寄壑源试焙新芽

[宋]苏轼

仙山灵草湿行云，洗遍香肌粉未匀。
明月来投玉川子，清风吹破武林春。
要知冰雪心肠好，不是膏油首面新。
戏作小诗君一笑，从来佳茗似佳人。

人人皆知苏轼是大文豪，可少有人知他极为懂茶。诗中最有名的“从来佳茗似佳人”，极具想象力，后世也更多将茶比喻成纯美的女子了。其中的“玉川子”，其实就是上面第一首诗的作者卢仝的号，苏轼是拿前人自喻。

和章岷从事斗茶歌

[宋]范仲淹

黄金碾畔绿尘飞，碧玉瓯中雪涛起。
斗余味兮轻醍醐，斗余香兮薄兰芷。
其间品第胡能欺，十目视而十手指。
胜若登仙不可攀，输同降将无穷耻。

宋代时兴斗茶，又称茗战。第一章中我们介绍了宋代斗茶的内容，包括点茶法和茶百戏。范仲淹这首诗就从斗茶的过程入手，一字一句呈现出现场的动态图。“绿尘”就是捻成粉末的茶，“雪涛”则是茶粉搅打出的绵密泡沫。最后一句更体现了争斗的激烈，如果输了，就像战场上的将领兵败，感觉非常耻辱。

坐龙井上烹茶偶成

[清]乾隆

龙井新茶龙井泉，一家风味称烹煎。
寸芽生自烂石上，时节焙成谷雨前。
何必团凤夸御茗，聊因雀舌润心莲。
呼之欲出辨才在，笑我依然文字禅。

乾隆数次下江南，龙井茶独得皇上恩宠。诗的开头就说，龙井既是茶叶名，也是泉水名，好茶用好水，则品质更上一层楼。谷雨前采摘的龙井，茶芽细嫩，鲜甜润心，是他喜欢的味道。乾隆先后共四次来到杭州品味龙井茶，每一次都意犹未尽。

茶的五大精神

茶的精神，往往体现在各种泡茶步骤以及喝茶的形式中，比如茶道、茶艺、茶礼等。叫法也许不同，但都在探讨人从茶中获得了什么，想传递的又是什么。

如今很多茶艺表演更注重外在形式的美感，泡的茶和展现的主题却比较空洞，只能算是一场表演，茶反倒成了道具。其实，喝茶最根本的还是茶本身，所有的思考都应该基于一杯健康好喝的茶。在此基础上，再去讨论茶给内心带来什么样的感受。

聚焦于茶本身，才是喝茶的意义所在

茶是健康的

从茶可以入口的那一刻起，健康就是茶带给我们最基础的东西，几千年来即使是使用方法不断变化，这一核心点从未改变。茶的健康作用无需赘述，现代医学已经证明了它的诸多效用，每天喝上一杯茶，可令身体更加顺畅地运转，也能降低罹患疾病的机率。

现在越来越多的年轻人开始喜欢喝茶，不仅因为这是他们从小就在父母的茶杯里喝过的熟悉味道，更因为茶饮热量低，并且能够让人神清气爽、唇齿留香。

健康，是茶的精神最重要的前提，是茶带给我们所有东西的必要保证。如果有一天喝的茶是不健康的，那所有的美、静、内心满足感，都会显得苍白。

茶是平等的

我们杯里的茶，从止渴、会友，到敬客、养生，以至悟道，积攒了越来越多的意义。配有标准十八件套的茶道师在花费了大量时间与精力后获得的茶味、造诣与成就，这是他的感受。田埂间耕作的老农，休憩片刻，在搪瓷杯中泡起一捧粗茶，唇齿间获得的简单满足，这也是他的感受。这些感受之间是没有高下、贵贱之别的。因为，茶对口舌、身心、体悟、感受，有它自己的平等。

无论你是什么身份，什么职业、什么性别、什么年龄，在茶桌前坐下，就都是平等的。泡茶人也不会偏袒任何一个人，每一杯茶都是一样的香甜。在茶具的设计上同样如此，我们用一个“公道杯”将茶汤汇集，再分配给大家，公平公道。

另外，喝茶的时候是不需要有分别心的，每个人都可以有自己真实的感受，这就是聊起喝茶，人们想到的都是放松状态的原因。

茶是安静的

喝茶让人的心更静，这和茶叶的内含成分有关系。茶中的苦、涩、鲜、甜、香气成分，混合成一种让人喜欢的茶味。茶中还有很多保健的秘密：丰富多样的香气成分，就像天然香水一样，闻起来可以舒缓安神、开阔心境、疏肝解郁；茶氨酸是形成茶叶鲜爽度的重要成分，能帮助人冷静下来，舒缓紧张的情绪；咖啡碱可以增强大脑皮层的兴奋度，提高人的专注力和警觉性。

泡茶的过程本身也需要缓慢专注地进行煮水、备茶、冲泡等动作，而且不能急躁。一杯茶不是瞬间就能到达适合饮用的浓度，即使是最简单的大杯泡，也要等上 5~10 分钟才可入口，更不用说借助茶壶、盖碗、茶滤、公道杯等雅致的茶具了。当我们尝试着缓慢而有条不紊地泡一泡茶，心很容易就静下来了。如果喝茶的环境也很幽静，更能让我们放松，烦忧

| 喝茶让人内心安静 |

的事情也可以暂时抛在脑后。人在心静的状态也能更好地泡出一杯茶，品出茶叶里更细微的滋味变化。

茶是美的

人不可能一直是开心的，就像不可能一直喝茶，总还会吃点喝点别的东西。生活中，我们免不了会有孤独、亢奋、忧伤甚至愤怒的情绪。可是不要忘记，茶跟一切美的事物一样，都是给自己，或者给身边的人一个空间，这个空间不强制要求每时每刻都要身处其中。只要你在想喝茶的时候能喝到一杯好茶，就足够了。

久而久之，你对生活的态度一定会不一样，会想源源不断地把美的事物保留下来。开心的比重也会在不经意间一点点增加。我们最开始喝茶的时候是为了解渴，或者为了让自己更有内涵，又或者只是不想喝白开水而已。但只要你愿意关注茶的品质，希望多了解一点让生活更美好的事物，喝茶一定会给你带来真正的快乐。

茶是值得珍惜的

每一片茶叶都来之不易。如果我们去过茶山，就会知道一些制作考究的茶，茶农们即使努力采摘一天，也做不出很多，更何况 5 千克鲜叶才能制作 1 千克干茶。知道了这一情况之后，以后我们就不会再随意丢弃茶叶。喝茶时我们要珍惜每一泡，对每一杯茶都充满敬意。

有了这个前提，面对喝茶场景下的一切，我们都会保持尊敬态度。茶室中的一朵花、一束光，每一件器具，以及泡茶的人，都是构成这个美好时刻的有机组成部分。即使是小小的感受，也能有知足的快乐。

茶与绘画、音乐、歌剧等其他文化艺术相比，不同之处就在于它是普通人的一种生活方式和态度。不论身在何处，喝到一杯好茶的感动都让人有“归家”的温暖感觉。喝茶应该是一件简单的事，也因为它的简单，我们才能在其中寻找到平静、宽广、安详。

保持平常心，放下执著。不拘一格，因时因地，繁简由人，只要用心地泡好、品饮这一杯茶，就是工夫，就是“茶的精神”。

何必出远门，喝茶也是一场修行

有时候在想，为什么几千年过去，茶成了我们的国饮。即使找遍所有在中国发源的饮料，好像也只有茶最能代表中国人的性格和精神。

仔细想想，会发现很多原因。东方人的性格是内敛的，讲究中庸之道，讲究“和”，与人相处以德服人。而茶在早期入药的时候，就是一种药性很温和的植物，后来转为食用和今天的饮用。它对人身体的作用不像酒、咖啡那样强烈，而是慢慢地滋养，一点点表现出那些让人愉悦、心神振奋的感受。

对内心的影响也是如此，喝茶是一种让人学会静下来的生活方式，其中所含的很多物质都有使人集中精力、安神放松的作用。这个时候思考问题，往往更加深入，可能这就是早期茶在宗教里流行的缘故吧。今天很多有名的茶都和寺庙有关，如大红袍、西湖龙井、福鼎白茶等，茶能够帮助僧侣们更好地禅定，进入所谓空寂的状态。

所以茶能成为中华文化的代表，也就不足为奇了。基于茶，历史上很多人做了研究和思考，在确认它对身体的益处之后，开始以茶为主题，创作了无数的作品，除了针对茶本身，还有茶具、冲泡技巧，等等。茶可以是柴米油盐酱醋茶，也可以是琴棋书画诗酒茶，这样接地气又有内涵的生活方式，谁不爱呢？

有人担心喝茶过于讲究、比较繁琐，年轻人不爱喝茶，都是上了年纪的人在喝，其实不然。如果相比瓶装、速溶饮料，茶确实显得繁琐。可事实上，你只要准备一个称手的杯子，放上茶，倒上热水，几分钟之后一杯香甜的茶就好了。如果你有时间和精力，可以再学会用壶、盖碗等，看怎么把茶泡得更好喝。

在福建的武夷山景区周边，在杭州的西湖畔，在台北的永康街，现在可以看到很多传统茶馆、现代茶饮店、私人茶空间并存的现象。喝茶是一件和吃饭一样重要的事情，至于怎么喝，怎么以体现自己年龄和生活想法的方式去喝，有很多人在做研究和尝试，消费者也有越来越多的选择。

喝茶并不难，相反喝茶是对自己最容易、最好的投资。如果你对茶感兴趣，建议可以从以下几个步骤着手：

认识茶

茶的本质，是一杯健康、好喝的茶汤。当然茶也是一门学问，茶有基础的分类，也有不同工艺形成的口感。从前可能觉得茶都一样，可是细细观察，就知道茶的外观、口感都有很多种类型。就像认识一个人，熟悉他的外表，再到他的性格，慢慢知道其优点和缺点。茶也像一个活生生的人，了解茶的过程非常有趣。

泡好一杯茶

一杯香气扑鼻、令人唇齿留香的茶，总要人去泡。除了在外面的茶空间可以享受茶艺师泡茶，很多时候我们也要自己上手泡茶。泡茶是有规律可循的，只要掌握了适宜的投茶量、水温、浸泡时间，剩下的靠多泡多尝试就好。

欣赏茶

体会一杯茶的美好，是茶喝下去之前最主要的事。开始我们可能只知道茶好喝还是不好喝。随着喝茶越来越多，我们知道了茶有很多种香、味。不同产地也会赋予茶不同的地域特色，欣赏茶变得越来越多元化。茶的历史、工艺、文化作品等原来看不到的美，也随着我们对茶越来越深入的了解，越喝越清晰。

从初步认识，到学会欣赏，茶的学问虽然深奥，但只要从日常生活出发，建立起正确的茶叶认知，你会发现茶是一个值得深交的朋友，它能给你的好处是终生受用的。

茶的世界包罗万象，茶的故事也非常精彩。作为老百姓离不开的生活饮品，它就像一个带我们看世界的眼睛，即使足不出户，喝茶也是一场人生的修行。

读完本章有任何疑惑
可随时扫码提问

图书在版编目（CIP）数据

好喝！ 3分钟爱上中国茶 / 茶的故事著 .-- 南京：江苏凤凰科学技术出版社，2020.5

ISBN 978-7-5713-0950-3

Ⅰ . ①好… Ⅱ . ①茶… Ⅲ . ① 茶文化－中国
Ⅳ . ① TS971.21

中国版本图书馆 CIP 数据核字 (2020) 第 018315 号

好喝！3 分钟爱上中国茶

著　　者	茶的故事
责任编辑	倪　敏
责任校对	杜秋宁
责任监制	方　晨
出版发行	江苏凤凰科学技术出版社
出版社地址	南京市湖南路1号A楼，邮编：210009
出版社网址	http://www.pspress.cn
印　　刷	广州市新齐彩印刷有限公司
开　　本	718 mm×1 000 mm　1/16
印　　张	15.25
字　　数	254 000
版　　次	2020年5月第1版
印　　次	2020年5月第1次印刷
标准书号	ISBN 978-7-5713-0950-3
定　　价	59.80元